Beauty and Health

미용과 건강

JN492871

구민사

저자 약력

이재남
건국대학교 산업대학원 향장학과 전임교수

김미정
서울디지털대학 뷰티미용전공(겸임교수)
건국대학교 미래지식교육원 K뷰티 융합학과 외래교수

이정선
을지대학교 학점은행제 미용학 전공 주임교수

미용과 건강
Beauty and Health

2013년 9월 15일 초판 발행
2017년 9월 4일 개정1판 발행
2021년 9월 30일 개정1판 2쇄 발행
2024년 2월 20일 개정2판 발행

|저 자| 이재남 · 김미정 · 이정선
|발 행 인| 조규백
|발 행 처| 도서출판 구민사
(07293) 서울특별시 영등포구 문래북로 116, 604호(문래동3가 46, 트리플렉스)
|전 화| 02.701.7421~2
|팩 스| 02.3273.9642
|홈페이지| www.kuhminsa.co.kr
|신고번호| 제2012-000055호(1980년 2월 4일)
|I S B N| 979-11-6875-346-4 (93590)
| 값 | 27,000원

이 책은 구민사가 저작권자와 계약하여 발행했습니다.
본사의 서면 허락 없이는 어떠한 형태나 수단으로도 이 책의 내용을 이용할 수 없음을 알려드립니다.

Beauty and Health

미용과 건강

이재남 | 김미정 | 이정선

머리말

현대사회는 고령화 인구의 증가와 경제적, 문화적 수준의 향상으로 인해 정신적, 신체적 건강에 대한 관심이 증가하고 건강한 아름다움에 대한 갈망이 높아졌다.

건강한 아름다움이란 내적 아름다움과 외적인 아름다움이 조화를 이루어야 하며 내적인 아름다움이란 신체적인 아름다움을 의미한다. 즉, 신체적 · 정신적 · 사회적 건강을 모두 만족시키고, 이 3가지 요소가 균형을 이루어야 올바른 건강이라 할 수 있다.

인간의 정상적인 성장발육과 올바른 건강증진을 위해서는 건전하고 합리적인 식생활을 통한 균형 있는 식사가 이루어져야 한다. 균형 잡힌 식사는 식욕과 기호에 의해서 이루어지는 것이 아니라 올바른 영양지식을 바탕으로 한 식습관과 식품선택의 실천에 의해 이루어진다.

식습관은 개인의 전반적인 식생활에 대한 태도 및 개개인의 식품 기호에 따라 음식물의 섭취가 좌우되고, 섭취한 음식물에 의해 건강 및 성장이 결정된다. 따라서 건강식에 대한 관심과 바람직한 식습관 형성을 위한 올바른 식행동을 형성하는 것이 건강을 유지하는 데 도움이 될 것이다.

Beauty
and
Health

우리는 무엇을 어떻게 섭취하면 더욱 건강해질 수 있는지를 누구보다도 잘 알고 있으며, 더불어 건강한 삶을 영위하기 위해서는 질병의 원인을 분석 · 파악하고 예방하여야 한다는 것을 너무나 잘 알고 있다.

따라서 본서 「미용과 건강」에서는 올바른 식생활 지침을 통해 건강을 유지하고, 현대인들이 접하고 고민하는 비만 및 각종 성인병, 환경호르몬에 따른 건강관리 식사를 위해 영양학적인 접근으로 그 중요성을 다룬다. 또한 질병예방과 일상생활에서 행동수정요법을 스스로 실천하여 삶의 질을 높이고 나아가 아름답고 건강한 삶을 영위하는 데 도움을 주고자 한다.

끝으로 이 책을 출간하는 데 많은 도움을 주신 여러 교수님들과 도서출판 구민사에 감사의 뜻을 전한다.

저자 일동

목차

Contents

목차

Contents

목차

Contents

Beauty and Health

미용과 건강

CHAPTER

01 미용인에게 필요한 영양의 이해

1. 건강의 의미

인간은 누구나 아름다워지려는 욕망이 있다.

외모는 사람의 첫인상을 결정짓는 요소 중의 하나로, 외모를 아름답게 하는 미용의 중요성이 날로 고조되고 있다. 건강한 아름다움은 외모(외적 아름다움)만 가꾼다고 되는 것이 아니라, 내적 아름다움과 외적 아름다움이 함께 조화를 이룰 때 완성된다. 내적 아름다움이란 신체적인 아름다움을 뜻하는 것으로 신체적, 정신적, 사회적인 건강을 모두 만족시켜야만 만들어 낼 수 있음을 의미하는 것이다.

"건강한 신체에 건강한 정신이 깃든다"라는 말이 있다. 이는 진정한 아름다움은 건강이 뒷받침되지 않고서는 불가능하다는 것을 의미한다. 건강은 우리 체내에 필요한 영양소를 함유한 균형 있는 식품 섭취, 식생활과 운동을 비롯한 정신적 스트레스를 극복하는 생활습관을 통해서 유지할 수 있다. 건강한 식생활은 우리 인체에서 가장 큰 면역 기관인 피부에 영양소를 공급하여 피부를 아름답고 건강하게 유지시킨다. 따라서 건강하게 살기 위해서는 질병의 원인을 분석하고 파악하여 질환 및 질병을 예방할 수 있도록 해야 한다.

〈그림 1-1〉 건강의 개념

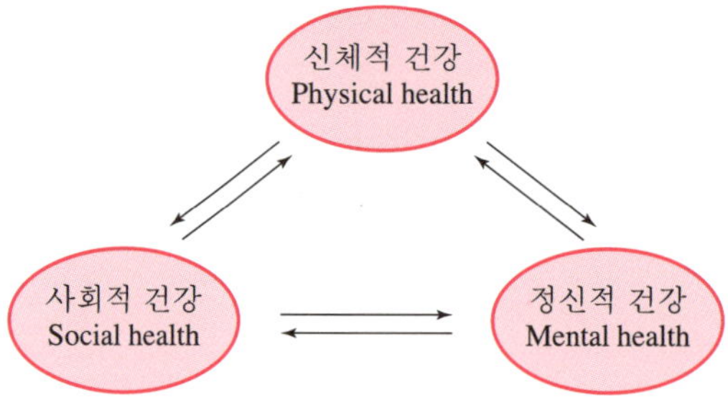

세계보건기구(World Health Organization: WHO)에 의하면 "건강이란 단지 질병이 없거나 허약하지 않은 상태를 뜻하는 것이 아니고 신체적, 정신적, 사회적으로 안정된 상태를 유지하는 것"으로 정의하고 있다. 즉, 정신적으로나 육체적으로 아무 탈이 없고 튼튼한 상태를 말한다.

또한 영양은 "생명이 있는 유기체가 생명의 유지, 성장, 발육, 장기, 조직의 정상적인 기능의 유지, 에너지 생성을 위한 음식물을 이용하는 과정"이라 정의하며, 건강한 정신에 건강한 육체가 깃든다.

2. 건강한 식생활

현대 의학의 아버지이자 그리스의 의학자 히포크라테스는 "음식으로 환자를 치료할 수만 있다면 약은 사용하지 말자"라고 하였다. 그만큼 식습관을 중요시 여기었으며 올바른 식습관은 잘 먹고 잘 살자가 아니라 덜 먹고 잘살자이다.

우리가 먹는 지방이나 고 칼로리는 뱃살과 비만의 주원인이 된다. 그 이유는 밖에서 먹는 음식은 자극적인 맛과 고열량 등으로 인하여 비만의 원인이 될 수 있기 때문이다. 건강한 삶을 유지하기 위해서는 식생활 습관과 질병의 예방, 수명연장에 대한 많은 지식을 습득해야 한다.

우리나라는 과거에 비하여 풍요로운 열량소비의 부족으로 영양과잉 시대에 접어들었다. 이로 인해 비만, 각종 성인병(뇌졸중, 고혈압, 당뇨병, 동맥경화, 심근경색 등)에 의한 질병으로 사망률이 증가하고 있는 실정이며, 이는 고 열량과 운동부족으로 생기는 경우가 많다. 미용과 건강의 측면에서 영양을 생각해 보면 영양은 불균형한 영양섭취로 인해 발생하는 질병 및 사망에 따른 사회적 비용과 영양의 불균형에 의한 질병 및 사망에 따른 사회적 비용을 경감시키며, 건강하면서도 행복한 삶을 영위할 수 있도록 한다. 따라서 인체의 기능을 알고 이에 따라 각 영양소에 대한 기초지식과 함유 식품, 비만관리를 위한 식이요법, 건강한 식생활을 통한 피부미용과 건강관리법에 대해서도 깊은 이해를 해야 한다.

한국인의 음식문화는 주로 찌개와 국물이 대부분이다. 국물의 짠맛과 여러 가지 조미료나 양념(후추, 고춧가루) 등의 자극적인 맛은 국물이 뜨거울 때는 거의 느끼지 못한다. 따라서 국물보다는 건더기 위주로 식습관을 바꾸어야 할 것이다.

하루 세끼 중 가장 중요한 것은 아침 식사로 아침밥은 필수적으로 먹어야 한다. 저녁식사와 아침식사 사이에는 10~12시간의 간격이 있다. 저녁 식사 후에 활동하지 않고 잠만 자더라도 우리 신체는 혈액, 간, 근육에 저장되어 있는 포도당을 사용하기 때문에 아침이 되면 탄수화물이나 포도당의 보충을 필요로 하는 '단식(fast)' 상태가 된다. 이러한 단식 상태를 중지한다는 의미에서 아침식사를 영어로 break(중단하다)와 fast(단식)을 합해서 'breakfast'라는 것이다.

현대인들은 아침 출근 준비로 인한 시간 부족이나 늦잠으로 아침을 챙겨 먹지 못하는 경우가 많은데 아침을 먹지 않으면 우리 신체에 필요한 탄수화물이나 포도당의 보충을 제대로 하지 못하게 된다. 이에 밤새도록 비워져 있던 위(胃)가 점심이 되면 더 많은 양의 음식물 섭취를 요구하게 되고 빨리 먹게 되므로 비만의 원인을 조장할 수 있다. 또한 많은 양을 한꺼번에 섭취하기 때문에 위산이 많이 분비되고 위장장애를 가져올 수가 있다.

1) 성인을 위한 식생활 목표

우리나라 사람들은 음식을 급하게 먹는 습관이 있어 그로 인한 질병 또한 높아지고 있다. 건강한 삶을 유지하기 위해서는 음식을 너무 급하게 먹지 않고, 천천히 꼭꼭 씹으면서 먹는 습관을 가져야 하며, 야식이나 과식을 삼가야 한다.

- 바른 식습관을 유지한다.
- 열량과 단백질은 권장량을 섭취한다.
- 음식의 낭비를 줄인다.
- 칼슘, 철분, 비타민 A, 리보플라빈의 섭취를 늘린다.
- 소금은 하루에 약 10g 이하를 섭취하도록 한다.
- 지질 섭취는 총 열량의 20%를 넘지 않도록 한다.
- 건강 체중(BMI 18.5~05)을 유지한다.
- 알코올 섭취를 줄인다.
- 식품을 위생적으로 관리한다.
- 전통 식생활을 발전시킨다.

2) 성인을 위한 식생활 실천 지침

- 세 끼 식사를 규칙적으로 즐겁게 하자
  - 아침을 거르지 않는다.
  - 저녁 식사는 가족과 함께 즐겁게 한다.
- 음식은 먹을 만큼 준비하고, 위생적으로 관리하자
  - 음식은 먹을 만큼 만들거나 주문한다.
  - 남은 음식은 바로 냉장 보관하고, 오래 두지 않는다.

- 밥을 주식으로 하는 우리 생활을 즐기자
  - 밥과 다양한 반찬을 갖춘 식단으로 영양의 균형을 유지한다.
- 채소, 과일, 우유제품을 매일 먹자
  - 여러 가지 채소를 매일 먹는다.
  - 다양한 제철 과일을 먹는다.
  - 우유, 요구르트, 치즈 등 유제품을 간식으로 먹는다.
- 지방이 많은 고기와 튀긴 음식을 적게 먹자
  - 고기는 지방 부위는 제거하고 먹는다.
  - 튀기거나 볶은 음식을 적게 먹는다.
  - 등 푸른 생선을 자주 먹는다.
- 짠 음식을 피하고 싱겁게 먹자
  - 장아찌, 젓갈 같은 짠 음식을 적게 먹는다.
  - 음식을 만들거나 먹을 때 소금이나 간장을 적게 사용한다.
  - 국과 찌개의 국물을 적게 먹는다.
- 활동량을 늘리고 알맞게 섭취하자
  - 운동은 1회 30분 이상, 1주 3~ 4회 이상 실천한다.
  - 생활 속에서의 신체 활동을 늘린다.
  - 단 음식과 단 음료를 제한한다.
  - 건강 체중을 유지한다.
- 술을 마실 때는 그 양을 제한하자
  - 되도록 음주를 피한다.
  - 남자는 하루 2잔, 여자는 1잔 이내로 제한한다.(2잔 :소주로는 3잔, 맥주로는 2캔, 양주로는 2잔에 해당 된다.)
  - 임산부나 청소년은 절대 술을 마시지 않는다.

3. 바람직한 식사계획

영양 상태는 체내에서 필요한 영양소의 공급과 기능에 따라서 바람직한 영양 상태, 영양 결핍 상태, 영양 과잉 상태 등 세 가지로 분류할 수 있다.

1) 바람직한 영양 상태

영양소들이 인체에 충분히 공급되어 그 기능이 100% 활용됨으로써 체내의 정상적인 대사 과정이 진행되고, 여분은 체내에 저장되어 있는 상태를 바람직한 영양 상태로 정의하고 있다.

① 식사는 천천히 잘 씹어 먹는다.

② 식사는 생활의 리듬에 맞추어 규칙적으로 한다.

③ 과음, 과식은 삼간다.

④ 너무 뜨거운 음식이나 음료수는 성급하게 섭취하지 않는다.

⑤ 여러 종류의 음식을 골고루 균형있게 섭취한다.

⑥ 편식은 하지 않는다.

2) 영양 결핍 상태

영양소의 공급이 인체에서 필요로 하는 양 만큼 공급되지 못하여 체내에 저장되어 있는 양이 결핍되어 영양소의 기능을 제대로 발휘하지 못할 때를 영양 결핍 상태라고 한다. 체내에 저장되어 있는 영양소의 양이 감소하면 대사 과정에 문제가 발생하고, 그에 따른 생화학적인 병변이 발생하여 준임상적인 상태가 된다. 이러한 원인은 영양소 섭취의 불균형에도 문제가 있지만 현대 사회가 처해 있는 상황으로서 불규칙적 식습관, 운동부족, 정신적 스트레스 증가, 가공식품의 이용 증가, 환경오염 등도 그 원인이 되고 있다. 영양 결핍 상태가 지속되면 피부, 머리카락, 손톱, 혀, 입 등에 임상적 동물성 단백질 섭취가 부족해져 황(S)이 결핍되기 쉬워지므로 각질, 털, 손톱, 발톱 등에 문제가 발생할 수 있다.

3) 영양 과잉 상태

영양소를 장기간 필요량 이상으로 과잉 섭취하였을 경우 인체에 나쁜 영향을 미칠 수 있다. 예를 들면 비타민 A는 피부점액을 분비하여 윤활제의 역할을 함으로써 박테리아 감염을 방지하거나, 시홍(rhodopsin)을 형성하여 시각에 도움을 준다. 하지만 과잉으로 섭취하였을 경우는 탈모, 두통, 구토, 불쾌, 불안, 식욕부진, 피부 이상 등의 증세를 일으킬 수 있다.

4. 한국인의 식생활지침

한국인의 식사지침(한국영양학회)

① 다양한 식품을 골고루 먹자.

② 정상체중을 유지하자.

③ 단백질을 충분히 섭취하자.(체중의 kg당 0.8g)

④ 지방은 총 에너지 섭취량의 20% 정도로 섭취하자.

⑤ 우유를 매일 마시자.

⑥ 짜게 먹지 않는다.

⑦ 치아 건강을 유지하자.

⑧ 술, 담배, 카페인 음료를 절제하자.

⑨ 식생활 및 일상생활의 균형을 유지하자.

⑩ 식사는 즐겁게 하자.

Beauty and Health

미용과 건강

CHAPTER

02

영양소의 종류 및 기능 1

1. 영양소

영양(nutrition)이란 살아있는 유기체가 생명을 유지하고 성장·발달 시켜나가기 위하여 식품에서 필요한 성분을 섭취하여 체내에서 대사작용(소화, 흡수, 순환, 호흡, 배설)을 통해 이용되는 모든 과정을 말한다.

영양소(nutrient)는 식품으로부터 공급되어 생명을 유지하고, 신체를 구성하며, 일상생활과 활동에 필요한 에너지를 공급하여 신체의 성장과 발달 및 생리기능 유지, 건강에 필수적인 물질이다. 영양소는 체중의 2/3를 차지하는 물과 단백질, 탄수화물, 지질, 무기질, 비타민 등이 있으며, 이외에 식이섬유도 중요한 영양소라 할 수 있다.

영양소 중 물, 탄수화물, 단백질, 지질은 체내에 많이 필요하므로 다량영양소라고 하며, 비타민과 무기질은 적은 양으로 생리기능을 조절하므로 미량영양소라 한다. 사람이 정상적인 성장을 하고 유지하기 위해 필요한 영양소는 현재까지 밝혀진 것만 50개 정도로 알려져 있다. 영양소들은 그 구조와 성질에 따라 다음과 같이 구분할 수 있다.

- **3대 영양소 : 탄수화물**(carbohydrate), **단백질**(protein), **지질**(lipid)
- **5대 영양소 : 3대 영양소 + 무기질**(mineral), **비타민**(vitamin)
- **6대 영양소: 5대영양소 + 물**(water)
- **7대 영양소 : 6대 영양소 + 식이섬유**

〈그림 2-1〉 영양소

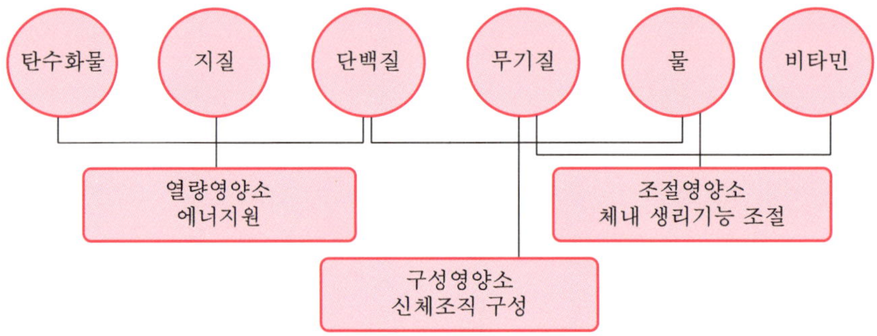

2. 단백질

1) 단백질이란

단백질(protein)은 그리스어로 "가장 중요한 것"이라는 뜻의 'proteos'에서 유래하였다. 신체를 구성하는 수많은 물질은 기본적으로 단백질로 구성되어 있다.

단백질은 살아있는 세포를 구성하는 기본요소로서 생명체를 구성하고, 유지시키는 필수성분으로 새로운 조직을 합성하며, 이미 합성된 조직의 유지를 위해 아미노산을 공급해준다. 또한 탄수화물, 지질과 같이 신체의 구성기능과 에너지 생산기능을 가지고 있으며, 이들 기능

이외에도 신체의 여러 가지 생리적 기능을 조절하는 역할을 수행한다. 단백질은 무지방 조직의 대부분을 구성하며 뼈와 근육, 혈액, 세포막, 효소 및 면역 인자의 성분으로 총 체중의 17% 정도를 차지하는 중요한 물질이며 1g당 4kcal의 열량을 생산한다. 또한 아미노산(amino acid)이라고 하는 분자들이 펩티드 결합으로 연결되어 있는 생체고분자이다. 구성원소로는 탄소 53%, 수소 7%, 산소 23%, 질소 16%, 황 2%이다. 필수적으로 질소와 때로는 황을 함유하는 것이 탄수화물이나 지방질과는 다르다. 단백질은 생체 내에서 영양상으로 지방이나 탄수화물이 부족한 경우 단백질로 보충될 수 있으나 역으로는 불가능하기 때문에 가장 중요한 영양소라고 할 수 있다.

단백질을 구성하는 기본단위인 아미노산은 필수아미노산과 비 필수아미노산으로 나뉘는데, 비 필수아미노산은 체내에서 합성될 수 있지만 필수아미노산은 반드시 음식을 통해 외부로부터 공급되어야 한다.

2) 단백질의 종류

체내 단백질을 구성하고 있는 기본 단위 물질은 아미노산이다. 유전정보에 따라 약 20여 종의 아미노산들이 독특한 구조적 조성인 펩티드 결합을 형성함으로써 수많은 단백질을 만든다. 이들 아미노산 중 9종은 체내에서 전혀 합성되지 않거나 합성량이 매우 적어서 반드시 식사로 섭취해야 하는 것으로 필수아미노산이라 한다. 체내에 필요한 단백질의 정상적인 합성을 위해서는 식사를 통해 필수아미노산을 충분히 섭취해야 하며, 이때 비필수아미노산들도 식사로 많이 공급해주는 것이 바람직하다. 단백질은 육·어류, 달걀 등 난류, 우유 및 치즈 같은 낙농제품, 두류에 많이 함유되어 있다. 동물성 단백질과 두류는 다른 식물성 단백질보다 필수아미노산 함량이 높은 질 좋은 단백질이다.

〈표 2-1〉 아미노산의 종류

필수 아미노산	비 필수아미노산
이소류신(Isoleucine) 류신(Leucine) 리신(Lysine) 메티오닌(Methionine) 페닐알리닌(Phenylalanine) 트레오닌(Threonine) 트립토판(Tryptophan) 발린(Valine) 히스티딘(Histidine) 아르기닌(Arginine)	알라닌(Alanine) 아르파라긴(Asparagine) 아스파르트산(Aspartic acid) 시스테인(Cysteine) 글루타민산(Glutamic acid) 글루타민(Glutamine) 글리신(Glycine) 프롤린(Proline) 세린(Serine) 티로신(Tyrosine)

3) 단백질의 기능

단백질은 생물체의 구성성분으로 매우 중요하다 모든 세포의 세포막은 예외 없이 단백질과 지질로 구성되어 있으며, 핵이나 미토콘드리아 등 세포 내의 각종 구조물도 단백질과 지질로 구성되어 있다. 또한 세포의 원형질도 다량의 각종 단백질을 함유하고 있다.

단백질은 아미노산으로 분해된 후, 소장벽을 통하여 흡수되어 간으로 운반된다. 아미노산은 다시 효소, 호르몬, 체조직성분, 항체, 근육, 혈청단백질, 근육단백질 등으로 합성되어 인간의 생명유지에 필요한 단백질만이 기능을 수행한다.

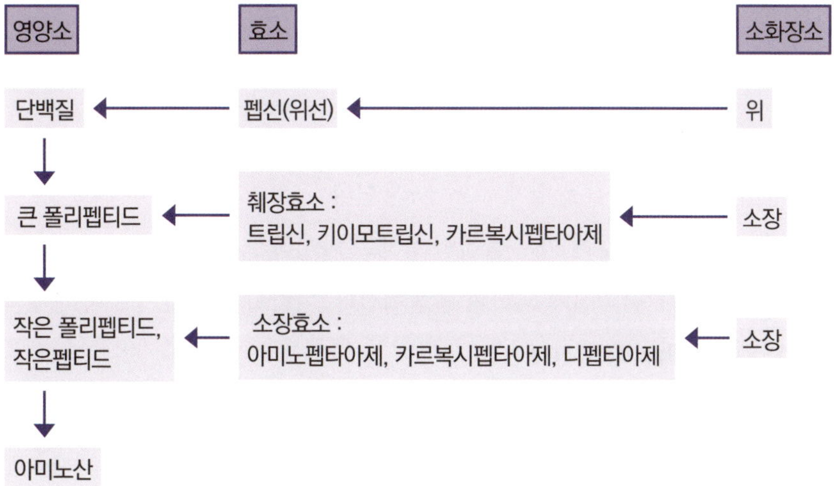

흡수 : 아미노산은 융모의 모세혈관으로 유입되어 간문맥을 경유하여 간으로 수송

(1) 화학반응의 촉매, 효소 및 호르몬 합성

단백질은 세포 내에 수많은 화학반응의 촉매 역할을 한다. 생물의 체내에서는 각종 화학반응이 끊임없이 일어나고 있는데, 이 화학반응은 생물체를 구성하는 모든 물질을 합성하고 생물의 활동에 필요한 에너지를 생성하는 데 필요하다.

단백질은 각종 효소의 주요성분이다. 음식은 소화되는 동안 화학적인 변화가 일어나는데, 이때 효소가 필요하며 호르몬 중 아드레날린, 인슐린, 타이록신 등은 단백질이나 아미노산의 유도체이다.

이 효소들은 탄수화물, 지방 및 단백질 대사의 조절에 결정적인 역할을 담당한다. 따라서 단백질에 변성이 생기면 효소는 불활성 상태가 되므로 신진대사가 원활하게 일어나지 않게 된다.

(2) 항체의 형성

인체에 침입하는 병원성세균, 바이러스 등을 항원(antigen)이라 하고, 항원으로부터 신체를 방어하기 위해 만들어지는 물질을 항체(antibody)라 한다.

즉, 질병에 대한 저항력을 갖게 하는 물질인 항체는 바이러스, 박테리아 및 다른 미생물로부터 보호하기 위하여 체내 단백질에 의하여 만들어진다. 따라서 단백질이 부족하게 되면 질병에 대한 저항력과 면역력이 떨어진다.

(3) 체조직의 구성성분

인체를 구성하는 단위인 세포의 원형질은 여러 물질로 구성되어 있으며 그 주성분은 단백질이다. 새로운 조직을 구성하기 위하여 필요한 단백질의 양은 성장과 보수과정에 따른 정도와 속도에 의존하는데 빨리 성장하는 영아는 식이 단백질의 1/3이 새로운 조직을 형성하는 데 이용된다.

식이단백질 부족은 뇌와 근육형성, 혈액공급, 성장 지연 등에 영향을 미치고 체내 단백질은 심한 출혈, 심한 외상, 화상, 외과적인 수술 및, 뼈의 골절 등과 같은 질환에 의해 손상된 부분의 조직을 보수하여 다시 만들어주는 역할을 한다. 특히 조직의 형성이 왕성한 성장기(성장), 임신기(태아의 성장), 수유기(유즙생성), 수술이나 출혈 시(세포의 회복), 질병의 회복기에 많은 양을 필요로 한다.

근육의 구성 단백질은 액틴과 미오신이 있으며 근육이 수축할 수 있도록 하고 근육을 단단하고 탄력성 있게 한다. 또한 피부, 연골, 모발, 손톱 등을 구성하는 콜라겐, 케라틴, 엘라스틴 등은 뼈, 피부, 털 등 몸을 보호하는 역할을 한다.

혈관벽을 구성하는 단백질은 혈관에 탄력성을 주어 혈압을 정상적으로 유지하게 하고, 뼈와 치아를 구성하는 무기질은 단백질로 형성된 틀에 끼워져 뼈와 치아를 단단하게 하며, 체내 단백질은 심한 출혈 화상, 외과적 수술 및 골절과 같은 질환에 의해 손상된 부분의 조직을 다시 만들어준다. 머리카락, 손톱, 발톱의 성장은 멈추지 않고 일생을 통해 계속되고 적혈구는 120일이 되면 파괴가 되며 모든 체내의 단백질은 그 속도는 일정하지 않지만 계속 퇴화되고 재생된다.

(4) 포도당 생성과 에너지 공급

신경조직이나 적혈구의 에너지원으로 포도당을 지속적으로 공급해주기 위하여 탄수화물을 섭취하지 못한 경우, 간이나 신장에서 아미노산 등으로 부터 포도당을 합성한다.

우리 신체는 단백질이 가능한 단백질 고유의 기능에 사용될 수 있도록 탄수화물과 지방에서 발생하는 열량을 먼저 사용한다. 열병상태, 갑상선 항진증, 신진대사율 증가 및 단식 상태일 경우에 충분한 열량이 당질과 지방에서 공급되지 못하면 신의 단백질이나 신체조직 단백질이 열량을 위해 사용되므로 단백질 고유의 기능을 못하여 신체조직의 소모가 일어나 신체가 약화된다.

단백질이 에너지원으로 동원되는 경우는 크게 두 가지 원인이 있다. 그 중 하나는 단백질이 구조 조직을 구성하는 데 필요한 양 이상으로 섭취하는 경우로써 여분의 단백질은 에너지원으로 공급되고, 다른 하나는 탄수화물이나 지방과 같은 열량소가 섭취되어도 체내에 저장량이 많지 않아 신체활동에 필요한 에너지 공급에 이상이 생길 때이다.

단백질에서 얻은 에너지의 기아상태는 장시간 운동 시 총 에너지의 약 10%에 해당되는 양이다.

(5) 체내 대사과정의 조절

체내에서 수분평형과 무기질평형을 조절한다. 세포막 내에 있는 단백질은 세포의 특이한 전해질량을 조절한다. 전해질의 기능은 신경과 근육의 기능에 중요한 역할을 담당하며 체내 수분평형도 조절할 수가 있다. 또한 단백질은 양성화 산물이므로 알칼리와 산의 평형도 유지한다.

(6) 혈장 단백질 형성

혈장 단백질은 주로 알부민, 글로블린, 피브리노겐이 있으며 대부분 간에서 만들어진다. 혈장 알부민은 새로운 조직을 형성할 때 제일 먼저 단백질을 공급해 주며 다른 영양소를 운반하기도 한다. 혈장 글로블린은 조직에서 필요한 단백질을 알부민 다음으로 공급하여 α-글로블린은 철을 운반하며 γ-글로블린은 항체로 병균을 방어한다. 피브리노겐은 혈액을 응고시키는 물질이다.

4) 단백질 결핍증 및 과잉증

(1) 결핍증

단백질의 질과 양이 부족한 식사를 오래 지속한다거나 열량을 공급하는 식품섭취가 부족할 경우 단백질 부족증이 발생한다.

단백질의 부족은 성장기 아이들에게 심각한 병적 상태를 초래한다. 특히 개발도상국가에서 단백질 부족 증상인 콰시오커가 많이 나타나며 체중 감소, 성장둔화, 부종, 빈혈, 피부색소의 변화, 성욕 감퇴, 면역기능 저하 등의 증상이 나타난다.

단백질 섭취가 부족하면 피부에 탄력이 없어지고 근육은 연약해지며, 빈혈현상이 자주 나타나고 면역력이 낮아져 설사를 동반하고 전염성 질병에도 쉽게 감염된다. 이러한 현상이 지속되면 혈액 단백질의 농도가 저하되어 영양실조성 부종을 초래하게 된다. 마라스무스는 에너지와 단백질이 모두 부족한 기아상태에서 나타나며, 이때 신체에 저장된 체지방이 거의 없는 상태를 말한다.

또한, 체내의 흡수 부진, 파괴 소모의 증가, 배설의 증가 등을 일으키는 소화기 질환, 간장 질환, 신장질환, 출혈성 질환, 고열, 암 등에 의해서 단백질의 결핍증이 발생하기도 한다. 단백질이 부족하여 발생하는 증세로는 성장 장애, 체중 감소, 근육 쇠약, 피로 등이 있고, 증상이 심해지면 부종, 저혈압증, 빈혈증, 피부의 색소 변화, 성욕 감퇴, 유즙분비의 감소, 무월경, 병에 대한 저항력 약화 등이 초래된다. 단백질 결핍에 의한 질병으로는 다음과 같은 것들이 있다.

① 콰시오커(kwashiorkor)

콰시오커는 5세 이하, 특히 이유기 또는 그 직후 어린이들에게 흔히 나타난다.

질병과 감염으로 인해 더 많은 영양소가 필요한 사람이 충분한 에너지와 단백질을 소비하지 못할 때, 특히 단백질이 심하게 부족할 때, 발생하는 단백질 영양 결핍증이며, 감염과 부종과 무력증과 체중미달을 겪게 된다. 이 병은 주로 단백질 부족이 원인이므로 양질의 단백질을 공급하면 치유가 가능하다. 콰시오커의 예방을 위해서 모유로 키우는 유아일 경우, 6개월 이후부터는 양질의 단백질 섭취를 위하여 우유나 조제분유를 먹이고 충분한 에너지를 공급해주기 위하여 이유식을 보충해준다.

② 마라스무스(marasmus)

기아 상태에서 초래하는 병으로 충분한 단백질과 열량을 공급받지 못할 때 발생하고 주로 열량 부족에서 오며 6~18개월의 유아에게서 발병한다. 이것은 열량-단백질 영양 불량 상태(energy-protein malnutrition, EPM)로서 열량과 단백질이 모두 부족한 경우이므로 영양학적으로 매우 위험한 상황이다. 증상으로는 부종이나 혹은 저장지방 없이 체중이 감소하고 근육쇠약과 무력증을 갖게 되며, 영양실조에 소화기계 질환과 감염까지 겹쳐서 사망하는 경우가 많다. 그리스어로 '소모한다'라는 말로서 단백질과 열량이 부족할 때 나타나는 질병으로 콰시오커와는 달리 피하지방이 감소하고 얼굴은 애 늙은이, 원숭이와 같이 주름이 심하게 잡힌다.

〈그림 2-2〉 단백질 결핍증

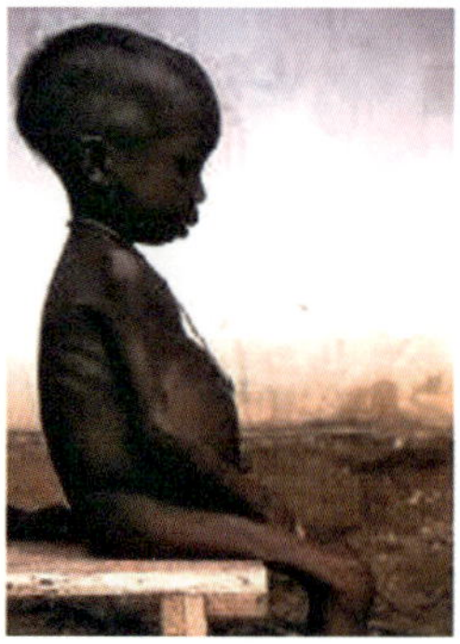

콰시오커

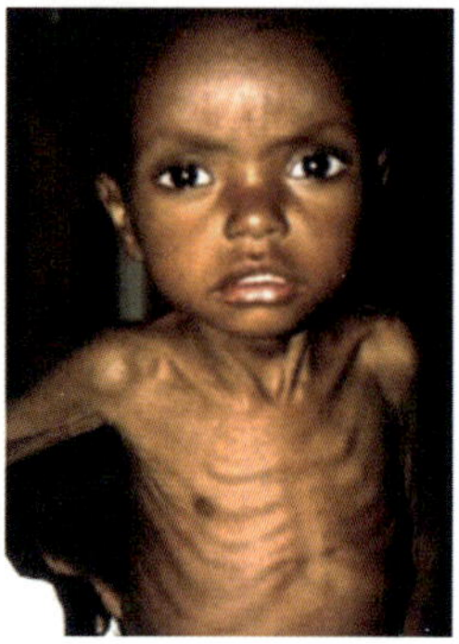

마라스무스

(2) 과잉증

단백질을 과잉으로 섭취하였을 때는 여분의 단백질이 연소하여 지방이나 탄수화물의 연소를 절약한다. 따라서 여분의 단백질은 글리코겐이나 지방으로 되어서 체내에 축적되므로 체중을 증가시킨다.

과다한 단백질 섭취는 우리 몸 안에 있는 간과 신장 등의 장기들을 손상시킬 수 있다. 이는 단백질의 체내 대사 과정에서 생기는 질소라는 물질 때문으로 이것을 여과해야 하는 신장에 무리를 줄 수 있으며, 때로는 신장 내에 돌이 생기는 신장 결석을 일으키기도 한다. 많은 양의 단백질이 체내에 들어오면 소변의 질소 수치가 높아지게 되고 이 질소가 배설되지 못하여 혈액 내에 지속적으로 축적되면 요독증을 발생시켜 심각한 증상을 초래할 수 있다. 단백질은 특이 동적 작용이 탄수화물이나 지방보다 강하여 대사 항진, 체온 증가, 고혈압을 일으키고 피로가 쉽게 온다. 또한 단백질의 분해물의 증가로 신경이 자극되어 불안증이 생기고, 요독증이 일어난다. 하지만 정상인일 경우는 과잉증을 걱정할 필요는 없다.

고단백질 식사를 하게 되면 인체에 필요한 양 이외의 여분의 질소를 요소 형태로 배설해야 하므로 신장 질환이 있을 때는 저단백질 식사를 하는 것이 신장에 과도한 부담을 주지 않아 신장의 기능이 저하되는 것을 지연시킬 수 있다. 동물성 단백질을 많이 함유한 식사를 하게 되면 요를 통한 칼슘(Ca)의 배설량이 증가하므로 단백질을 많이 섭취하는 사람은 Ca의 섭취량을 늘릴 필요가 있다.

특이 동적작용

ex) 식사에서 100kcal의 탄수화물을 섭취 했을 때는 6kcal가
100kcal의 지방을 섭취 했을 때는 4kcal가
100kcal의 단백질을 섭취했을 때는 30kcal가

열로 바뀌어 에너지로 소비로 간주되는 것을 말한다.

5) 단백질 급원식품

(1) 단백질 식품

수조육류(獸鳥肉類)·어패류·알류·콩류 및 우유 및 치즈같은 가공품이 있다. 동물성 식품의 단백질과 두류는 다른 식물성 식품의 단백질보다 필수아미노산의 양이 더 많다.

동물성 식품의 단백질은 식물성 식품의 단백질보다 필수아미노산을 거의 완벽하게 제공할 수 있는 단백기가 있다. 그렇다고 해서 식물성 식품 단백질이 나쁘다는 것이 아니라, 다만 식물성 단백질과 동물성 단백질의 비율이 3:1일 때 부족한 아미노산의 상호 보완이 이루어져 체내 이용률과 흡수도가 가장 좋은 상태가 된다.

① **수조육류**

쇠고기·돼지고기·닭고기 등을 말하며, 단백질의 함량이 16~21%에 이르는 양질의 단백질 식품에 속한다. 비타민 A와 비타민 B군도 다량 함유하고 있으며, 지방 함량은 그 종류와 부위에 따라 다르다.

② **어패류**

13~20%의 단백질을 포함하고 있으며, 지방·비타민 A·비타민 B_1·비타민 B_2 등도 풍부하다.

③ **알류**

달걀·오리알·메추리알 등의 식품으로, 특히 달걀은 탄수화물과 비타민 C를 제외한 모든 영양소를 함유한 완전식품에 속한다.

④ **콩류**

식물성 단백질의 주요 급원 식품이다. 대두는 단백질이 약 40% 들어 있으며, 두부·청국장·간장·된장 등으로 가공된다.

6) 단백질 섭취 권장량

단백질 섭취 권장량은 남성 50~80g/일, 여성 45~70g/일이며 남성의 섭취 권장량이 여성보다 크고, 연령대가 높을수록 섭취권장량은 감소한다.

성인은 1kg당 1g을 섭취하는 것이 좋다.(스포츠맨에게는 체중 1㎏당 1.5~2g의 단백질이 필요) 식사 때마다 탄수화물과 함께 20~30g의 단백질을 섭취하는 것이 좋다.

단백질은 더 많은 지방을 연소할 수 있도록 대사율을 증폭시키는 작용을 한다. 영양소별로 대사율을 담당하는 효율을 보면, 탄수화물은 30%, 지방은 5~10%, 단백질은 20~30%를 차지하고 있다.

또한 단백질은 탄수화물의 흡수를 느리게 하여 체지방을 보다 많이 태울 수 있도록 돕는다. 즉 탄수화물과 단백질을 함께 먹는 것은 더 적은 지방이 축적되고, 더 많은 지방을 태울 수 있다는 것이다.

단백질 섭취량을 20~30g으로 제한을 두는 것은 많은 단백질을 섭취해도 몸에서 흡수할 수 있는 단백질의 양은 20~30g이므로 적당량을 섭취하는 것이 좋기 때문이다.

3. 지질

1) 지질이란?

지질은 3대 영양소의 하나로 단백질과 탄수화물이 수용성인데 비해 지질은 지용성으로 물에는 용해되지 않고 유기용매에 잘 용해되는 성질을 가지고 있다.

지질(lipid)과 지방(fat)이라는 용어는 자주 혼동해서 사용되는데 지질은 지방, 기름, 유지의 유사 물질들을 통칭하는 용어로 지방은 지질 안에 속하며 동물성 고체기름을 의미하는 것이다. 지질은 동식물에 널리 존재하고, 특히 영양분으로서 피하에 저장되며, 주로 신체에 에너지를 공급한다. 특히 중성지방은 근육에 주로 사용되는 연료이다. 신체가 사용하고 남은 열량은 주로 중성지방의 형태로 지방조직에 저장된다. 신체는 중성지방을 지방세포에 무한정 저장할 수 있으며 그 양은 체중의 수십 배까지도 가능하다. 한편 식품에 존재하는 지질은 소장에 지용성 비타민의 소화, 흡수를 용이하게 해준다.

2) 지질의 종류

중성지질은 글리세롤 1분자에 지방산 3분자가 결합되어 있어서 트리글리세롤이라 한다.

식품에 함유된 지질의 약 90%를 차지한다. 천연에 존재하는 유지는 대부분 중성지질이다.

(1) 유(oil)

실온에서 액체 상태인 오일을 유(oil)라 한다. 액체 지질인 올리브기름, 콩기름, 참기름, 들기름 등의 식물성 지질이 여기에 속한다.

(2) 지(fat)

실온에서 고체 상태인 지질을 지방(fat)이라고 한다. 동물성 지질인 소기름, 돼지기름, 우유 지방인 버터, 액체지질을 고체화시킨 쇼트닝 등이 여기에 속한다.

3) 지질의 기능

지질은 좋은 에너지원이기도 하지만 인체에 중요한 생체성분이기도 하다. 에너지의 저장 형태인 중성지질, 생체의 세포막 주성분인 인지질, 호르몬의 주성분이 되는 콜레스테롤 등이 바로 이것이다. 필수 지방산의 급원이며 지용성 비타민의 체내 이용률을 상승시킨다. 또한 비타민 B_1의 절약작용, 뼈의 석회화 촉진 등 그 필요성이 인정되나, 지질의 과잉 섭취는 심혈관 질환이나, 혈액순환 장애를 초래하게 된다.

(1) 체온조절 및 체내기관 보호

지질은 에너지 대사에 쓰이게 되는데, 소비되고 남은 에너지는 거의 체중의 50배 정도가 피하지방세포에 저장된다. 이것이 필요 이상으로 많아지면 비만이 되지만 피하지방으로 저장된 체지방은 외부와 신체의 온도를 유지시켜 준다. 체지방조직의 절반 정도는 신체 내부의 장기를 둘러싸고 있기 때문에 외부에서 가해진 충격을 흡수하는 역할을 하여 장기를 보호해 준다.

(2) 에너지원

지질은 1g에 9kcal의 에너지를 발생시키는 고 에너지원이다. 유지류의 지질함량이 가장 높으며 종실류, 일부 튀김 식품, 마요네즈 등도 지질함량이 높은 것을 알 수 있다. 지질은 탄수화물이나 단백질과 같은 양으로도 고 칼로리에 해당되는 식품이기 때문에 칼로리를 보충하는 식품으로서 양이 적어 소화기관에 주는 부담도 적다.

(3) 지용성 비타민의 흡수 촉진

지용성 비타민 A, D, E 및 K는 지질에 녹기 때문에 지질과 함께 있어야 체내에서 소화, 흡수가 용이하다. 따라서 지질의 섭취가 부족하면 지용성 비타민의 소화, 흡수에 지장이 생기고, 그것으로 인하여 지용성 비타민의 결핍증이 발생한다.

(4) 필수지방산 공급

필수지방산이란 우리 인체 내에서 합성되지 않아 반드시 식품으로 섭취해야 하는 것으로 리놀레산(linoleic acid), 리놀렌산(linolenic acid)이 있다. 이러한 필수지방산은 다불포화지방산의 형태로 식물성기름과 생선기름에 다량 함유되어 있다.

필수지방산이 부족하게 되면 성장장애, 습진성 피부염, 생식기능 장애, 남성호르몬인 안드로겐(androgen)의 분비 감소, 탈 색소, 지방간, 시력저하 등을 유발한다.

따라서 필수지방산은 지질함유 식품의 섭취로 공급되기 때문에 지질은 필수지방산의 중요한 공급원이다.

〈표 2-2〉 필수 지방산의 기능 및 급원

필수지방산	기능	급원
linoleic acid (C18 : 2개의 이중결합)	항피부병 인자, 성장인자	일반 식물성유(종실유)
α-linoleic acid (C18 : 3개의 이중결합)	성장인자	들기름, 콩기름

(5) 신체의 구성 성분

지질은 저장지방(피하지방, 장기보호 지방)으로서 뿐만 아니라 신체 내의 세포막을 포함한 여러 종류의 막을 구성하고 있으며 뇌 조직, 신경조직, 호르몬 등을 이루는 필수적인 구성 성분으로서 신체의 중요한 생리작용을 수행하고 있다.

(6) 기타

① 비타민 B_1의 절약작용

비타민 B_1은 탄수화물 대사에 필요한데, 탄수화물을 에너지원으로 하고자 할 경우는 비타민 B_1의 소모가 같이 되지만 지질을 에너지원으로 할 경우에는 비타민 B_1의 소모가 없어 절약된다.

② 프로비타민 D로서 작용

프로비타민 D로서 작용하여 골밀도를 높이는 데 기여한다. 지질에 속하는 콜레스테롤은 자외선에 의하여 비타민 D로 전환되어 칼슘의 체내 흡수 및 골격의 침착을 촉진하여 골밀도를 높이며, 골다공증이나 골연화증 같은 질환의 치료 및 예방에 효과가 있다.

③ 포만감 부여

지질은 탄수화물이나 단백질보다 위장을 통과하는 시간이 길어서 포만감을 준다.

4) 지질의 소화 및 흡수

(1) 중성지방

식품 중에 함유되어 있는 지질의 대부분은 중성지방(triglyceride)이고, 그 다음은 인지질, 콜레스테롤, 지용성 비타민 등이다. 섭취한 지질은 췌장에서 분비된 지방분해효소(리파아제, lipase)에 의하여 분해되고, 소장에서 흡수된다.

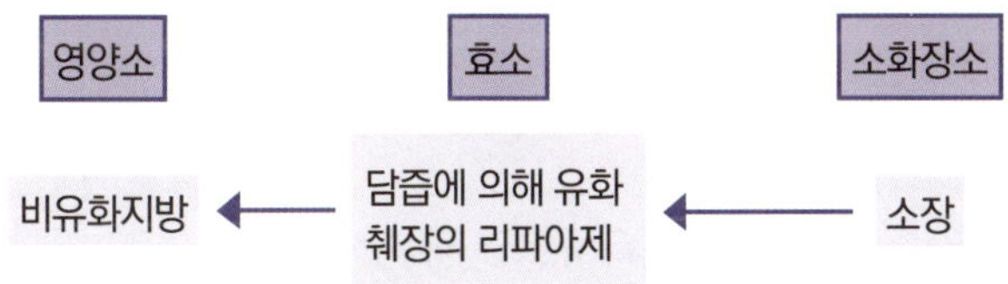

흡수 : 유미관에 흡수되어 흉관을 경유하는 림프계로 유입되며, 글리세롤과 같은 지방산은 융모의 모세혈관으로 유입되어 간문맥을 경유하여 간으로 수송

글리코겐저장 깨져 ATP 형성

글리코겐 형태로 저장 ← 나머지는 지방으로 저장

정맥을 통해 온 몸을 순환

(2) 지방산(fatty acid)

지방산은 자연에 존재하는 지질의 구성 성분으로서 대부분 짝수의 탄소원자를 가지며, 그 중 16개 또는 18개의 탄소 수를 가진 것이 가장 많이 분포되어 있다. 지방산은 긴 탄소사슬에 수소가 결합되어 있으며, 한쪽 끝에는 카르복실기(-COOH)가 다른 한 끝에는 메틸기($-CH_3$)가 결합되어 있다. 지질을 가수분해하여 얻어지므로 지방산이라고 부르며, 구성하는 탄소가 서로 결합하는 방법에 따라 포화지방산(saturated fatty acid)과 불포화지방산(unsaturated fatty acid)으로 나눈다. [그림 2-3]과 같이 포화지방산은 단일결합을 이루고 있고, 불포화지방산은 탄소 사슬에 이중결합이 있는 것을 말한다.

〈그림 2-3〉 포화지방산과 불포화지방산의 구조

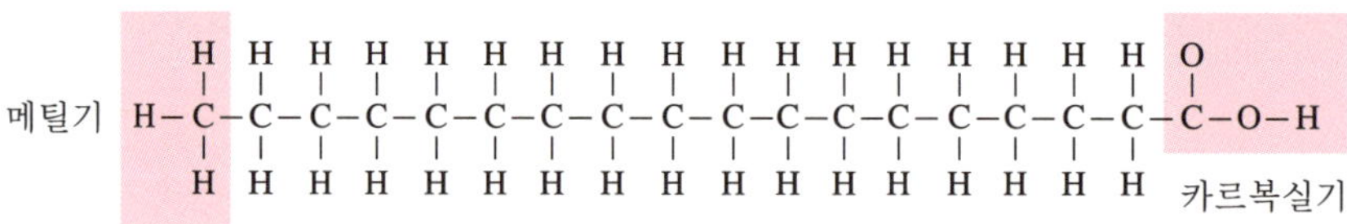

포화 지방산(스테아르산, C18:0)

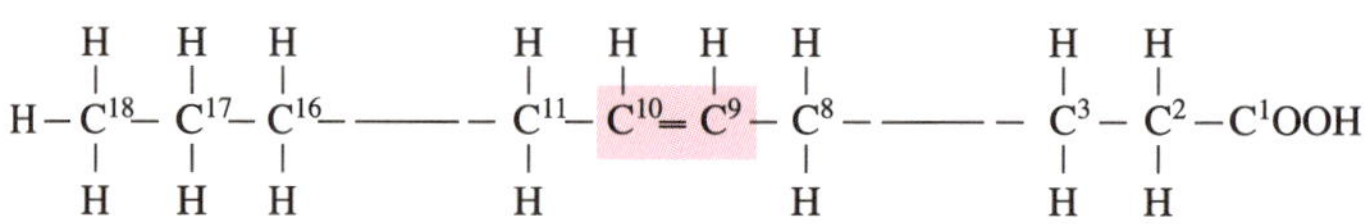

단일 불포화 지방산(올레산, C18:1)

① 포화지방산(saturated fatty acid)

포화지방산은 분자 내에 이중결합을 갖지 않는 지방으로, 수소가 포화되어 있는 결합 형태로 실온에서 고체 상태이다. 불포화 지방산에 비해 융점이 높고, 산화 안정성이 좋다. 포화지방산인 스테아르산(stearic acid)은 탄소 수가 18개에 단일결합으로 구성된 포화지방산이다. 가장 많이 존재하는 포화지방산은 팔미트산(palmitic acid)과 스테아르산(stearic acid)이 일반적인 것으로 모든 유지에 함유되어 있으며, 체내에 합성이 가능하다. 포화지방산은 식물성 지질보다 동물성 지질에 많이 함유되어 있으며, 동물성 식품은 우유, 치즈, 버터 등, 식물성 식품은 팜유, 야자유, 마가린 등에 많이 함유되어 있다.

포화지방산을 과하게 섭취하면 비만이 발생하고, 다양한 성인병을 유발하며 체내 염증을 증가시키게 된다.

② **불포화지방산**(unsaturated fatty acid)

불포화지방산이 우리 인체에 좋다는 건 이미 아는 사실이다. 대채로 동물성과 식물성으로 구분되는 데 대체로 동물성 지방산을 포화지방산, 식물성 지방은 불포화 지방산 함량이 높다.

불포화지방산은 인체에 해로운 콜레스테롤을 낮춰주고 심장질환, 치매, 성인병, 동맥경화 등을 예방하여 준다.

불포화지방산은 분자 내의 2중 결합을 가지고 있는 지방산이다. 포화지방산에 비해 화학적으로 불안정하고 산화되기 쉬우며 융점이 낮다. 체내에서 합성되지 않은 필수지방산도 포함되어 있고, 영양적으로 중요한 지방산이다.

이중결합을 1개 갖는 것을 모노엔산(monoenoic acid) 이라고 하며 천연에는 디엔산, 트리엔산, 테트라엔산, 헥사엔산, 펜타엔산이 존재한다. 디엔산 이상을 총칭하여 폴리엔산이라고 하며, 어유에 많은 테트라엔산 이상의 산을 과불포화지방산이라고 한다. 이중결합의 위치는 카르복시기로부터 몇 번째의 탄소에 붙어 있는가에 따라 나타내지만 천연에 존재하는 지방산은 일정한 배치를 나타낸다. 식용유지의 대표적 지방산인 올레인산, 리놀레산은 각각 9 및 9, 12의 위치에 이중결합을 갖는다. 폴리엔산의 이중결합은 그 사이에 1개의 메틸렌기(-CH2-)를 지닌 1,4-펜타디엔형(-CH=CH-CH2-CH=CH-)을 취하는 것이 대부분이다. 또한, 천연에 존재하는 불포화지방산은 대부분이 시스형이다.

급원식품

1. **아보카도 :** 아보카도는 불포화지방산인 오메가 3, 오메가 6, 오메가 9 등이 골고루 포함되어 있으며 두뇌발달과 눈 건강에 좋은 효능이 있다. 또한 혈중 콜레스테롤을 낮추고 혈전이 생기는 것을 예방해 준다.
2. **고등어, 꽁치 :** 중성지방을 낮춰주는 효과가 있다.
3. **견과류 :** 비타민 E를 비롯한 비타민과 무기질 다량함유, 혈관세포에 대한 항산화제 역할
4. **아몬드 :** 항산화 물질인 비타민 E가 다량 포함, 피부 건강에 도움
5. **기타 :** 오리고기(중풍예방에 탁월), 들기름, 올리브, 연어

참고

- oleic acid : 아홉 번째 탄소에 이중결합이 있기 때문에 ω-9계 지방산으로 부른다.
- linoleic acid : 여섯 번째 탄소에 첫 이중결합이 있기 때문에 ω-6계 지방산으로 부른다.
- linoleic acid : 세 번째 탄소에 첫 이중결합이 있어서 ω-3계 지방산으로 부른다.

대표 식품으로는 동맥경화나 심장병을 예방하는 삼치, 필수아미노산이 풍부하여 중풍 예방에 좋은 오리고기, 콜레스테롤 수치를 조절하고 올레인산도 함유하고 있는 견과류(아몬드), 옥수수, 콩, 두부에 많이 들어있다. 한편 불포화지방산은 과산화지질을 생성하는데, 세포 내에 존재하는 불포화지방산에서 생성된 과산화지질은 혈관벽의 세포막을 손상시켜 동맥경화를 일으키기도 하고 세포의 노화를 촉진시킨다. 비타민 E와 함께 섭취하는 게 좋은 방법이다.

③ 트랜스지방산

트랜스지방산은 액체 상태인 기름을 고체 또는 반고체상태, 즉 마가린이나 쇼트닝 등으로 가공할 때, 수소를 첨가하여 인위적으로 굳게 하는 과정(경화유)에서 생성되는 지방산을 말하며

성질이 유연하고, 바삭거림이 뛰어나며 보존성이 향상된다. 하지만 트랜스지방산을 과잉으로 섭취할 경우 포화지방산과 마찬가지로 체중이 늘고, 나쁜 콜레스테롤인 저밀도 지방 단백질(LDL)을 증가시켜 동맥경화나 심장병을 유발한다. 위암, 간암, 유방암, 대장암, 당뇨병도 유발할 수 있어 최근 유해성을 경고하는 연구들이 많이 늘어나고 있다.

(3) 콜레스테롤

동물세포의 세포막을 구성하는 데 필요한 물질로, 식물에서는 합성되지 않고 동물에서만 합성되며 각종 호르몬 분비를 돕는 등 다양한 기능을 한다.

그리스어로 'chole'는 담즙, 'steroes'는 고체라는 의미가 있어 콜레스테롤이라는 이름이 붙여졌다. 비만 등으로 인해 혈관에 지질 단백질이 많이 쌓이면 혈중 콜레스테롤 수치가 높아지므로 건강이상을 판단하는데도 많이 측정된다.

크게 HDL(high-density lipoprotein)과 LDL(high density lipoprotein)에 함유된 콜레스테롤을 측정한다. HDL(high-density lipoprotein)은 혈액 속에 있는 지방 성분을 배출시키는 청소 기능을 하고 LDL(high density lipoprotein)은 혈관에 쌓이는 지질 단백질로서, 지방뿐만 아니라 콜레스테롤 역시 함유하고 있다. 혈관벽에 쌓여 동맥경화나 고지혈증 같은 심혈관질환 등을 유발한다.

(4) 인지질

레시틴이나 세파린 등의 인지질은 췌장 리파제(lipase), 포스포리파제(Phospholipase)에 의해 가수분해되어 소장점막을 통과한 후 인지질로 재합성되어 킬로미크론((Chylomicron)을 형성한다.

Beauty and Health

미용과 건강

CHAPTER

03

영양소의 종류 및 기능 2

1. 탄수화물(Carbohydrate)

1) 탄수화물의 정의

탄수화물은 모든 당류 및 전분류를 말하며, 포도당은 체내에서 이용되는 탄수화물의 기본형으로 섭취된 모든 탄수화물은 일단 포도당으로 전환이 된다.

탄수화물(carbohydrate)은 우리나라 사람이 섭취하는 총 열량의 60% 이상을 차지하는 주된 에너지 공급원으로서 탄소(C), 수소(H), 산소(O)로 구성되어 있다. 탄수화물은 주로 식물에 존재하는 엽록소(chlorophyll)에서 태양에너지를 이용하여 공기 중의 이산화탄소(CO_2), 흙속의 물(H_2O)로부터 광합성작용(photosynthesis)에 의하여 만들어지며, 자연계에 가장 많이 존재하는 유기물이다.

탄수화물은 체내에서 포도당의 형태로 존재하여 모든 세포가 쉽게 사용할 수 있다. 그리고 에너지원으로 사용하고 남은 여분의 탄수화물은 간과 근육으로 가서 글리코겐으로 저장이 되는데, 이 글리코겐은 혈액의 포도당 농도가 내려갈 때 혈당을 일정하게 유지시켜주는 역할을 한다. 탄수화물은 단당류, 이당류, 다당류로 크게 나눌 수 있다.

2) 탄수화물의 종류

(1) 단당류(monosaccharides)

단당류는 탄수화물의 기본 단위로 다당류가 가수분해 되어 단당류가 되며 단당류의 종류에는 포도당, 과당, 갈락토오즈 등이 있다. 이중 가장 중요한 단당류는 포도당으로 체내로 전분이 들어오게 되면 소화, 흡수 대사과정을 거쳐 포도당으로 전환하여 각 조직에서 에너지원으로 이용된다.

① **포도당**(glucose)

포도당(glucose)은 영양상 가장 중요한 단당류로 자연계에 널리 존재하는데, 특히 과일, 채소, 꿀, 엿 등에 다량 함유되어 있다. 동물체에는 정상 사람의 혈액 중에 혈당으로 약 0.1% 들어 있다.

포도당은 소화과정을 거치지 않고 그대로 소장에서 흡수되며 각 조직 세포 내에서 산화되어 에너지의 급원이 된다. 그러므로 중환자나 수술환자, 기아상태 또는 극도로 피로한 사람에게 포도당 주사를 투여하면 쉽게 회복될 수 있는 것은 열량 식품 중 가장 빠르게 효율적으로 이용될 수 있는 영양소이기 때문이다. 그러나 섭취량이 과도하면 글리코겐과 지방으로 전환되어 체내 저장이 되기도 한다.

포도당의 중요한 기능은 신체에 에너지를 공급하는 것이다. 뇌와 적혈구는 에너지원으로 주로 포도당을 사용하며, 근육과 다른 신체 세포에서는 포도당과 지방산을 사용하여 에너지를 충족시킨다.

탄수화물을 충분히 섭취하면 식이 단백질은 신체 조직을 구성하고 생명유지에 중요한 대사과정에 쓰이게 된다.

〈그림 3-1〉 혈중 포도당의 대사

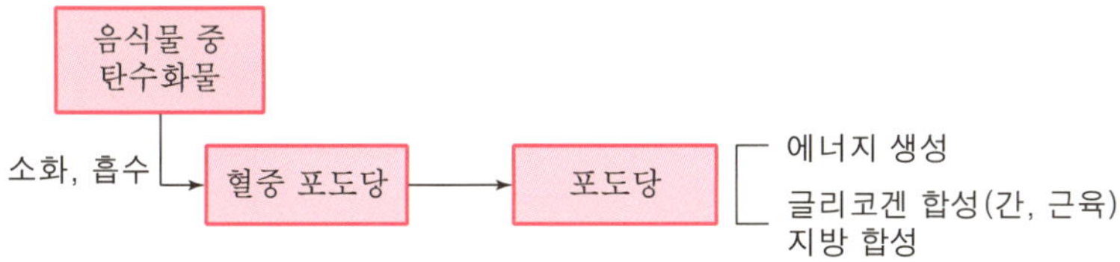

② **과당**(fructose)

포도당으로 전환되어 체내에서 글리코겐으로 전환된다. 설탕, 과일, 벌꿀, 식물즙액 등에 다량 존재하고, 천연 당류 중 가장 단맛이 강하며, 상쾌하기 때문에 감미료로 사용된다.

③ **젖당**(galactose)

자연계에 단독으로 존재하지 않고 포도당과 결합하여 유당의 형태로 존재한다. 모유나 우유에 들어있고 단맛이 약하며 두뇌를 구성하는 성분 중 하나이다.

④ **리보스**(ribose)

ATP(adenosine triphosphate - 아데노신3인산), 유전자 물질인 DNA와 RNA, 화합물을 알려주는 두 번째 조직 및 비타민 등의 세포 합성 등에 필수적인 요소이다. 보통 일반 식단에서 섭취할 수 있는 리보스의 양은 극히 미미하므로, 대부분 우리 몸은 세포에 의해 합성된 리보스에 의지하게 된다.

(2) 이당류(disaccharide)

두 분자의 단당류로 구성된 형태이다.

① 자당(sucrose)

일명 설탕이라 하며 포도당과 과당으로 구성된 것으로 혈당이 떨어지면 빠른 혈당의 급원이 된다. 식물의 과즙, 잎, 줄기, 뿌리 등에 널리 분포되어 있으며, 특히 사탕수수나 사탕나무에서 추출·정제되어 설탕 형태로 많이 이용되고 있다. 사탕수수, 사탕무, 채소, 과일 등에 다량 존재한다.

② 맥아당(maltose)

포도당 두 분자로 구성된 것이다. 맥아당은 밀이나 보리가 발아할 때에 생성되고, 전분이 소화되는 중간 단계에서 생성되며, 감주, 엿 등의 성분이 된다.

③ 유당(lactose)

일명 젖당이라고도 하며 포도당과 갈락토오스로 구성되었다.

식물계에는 존재하지 않고 유즙에 존재하기 때문에 젖당이라고도 한다.

우유에는 3~5%, 모유에는 5~7% 정도가 함유되어 있으며, 유당이 분해할 때 생기는 갈락토오스는 어린이들의 뇌신경을 형성하는 데 필요하므로 성장기 어린이들에게는 아주 중요한 영양소이다. 그러나 과량 섭취하게 되면 소화가 잘 되지 않으므로 주의해야 한다.

〈그림 3-2〉 이당류의 종류

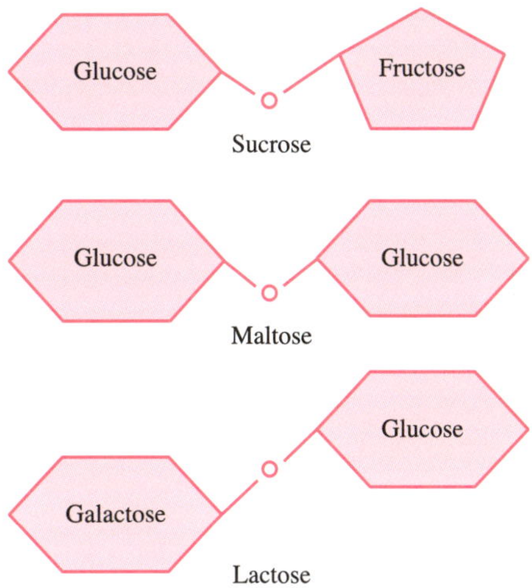

(3) 올리고당(oligosaccharides)

3~10개의 단당류가 결합한 형태로 설탕과 비슷한 단맛을 가진 저에너지 감미이다. 식품 중에는 올리고당류로는 많이 함유되어 있지 않으나 다당류의 소화 과정에서 생성된다. 물에 잘 녹으며 단맛이 설탕의 20~60%로 비만방지, 충치예방, 당뇨병개선 등을 위한 감미료로 이용된다. 당단백질이나 당지질의 구성성분으로 이들 결합은 소화효소가 분해되기 어려운 구조로 되어 있다. 대장의 박테리아에 의해 분해되기 때문에 장을 튼튼하게 하고 변비를 막아준다. 또한, 장내 유익한 세균인 비피더스를 활성화해서 장의 건강을 유지시키는 데 중요한 역할을 하고 체내에서 수용성 식이섬유와 같은 작용을 한다고 알려져 있다. 칼슘 흡수를 도와주기 때문에 유제품과 함께 섭취하면 좋다.

올리고당의 종류

① 프락토 올리고당 : 설탕을 전이시켜 만든 것이다.
② 갈락토 올리고당 : 올리고당 중 유일하게 동물성 유당을 사용한다. 모유 속에도 존재하며 열과 산에 강하다.
③ 이소말토 올리고당 : 쌀, 옥수수 등 곡물을 주원료로 만들어 설탕 성분이 포함되어 있지 않다.

(4) 다당류(polysaccharides)

수백 또는 수천 개의 당이 결합한 형태이다.

다당류에는 인간의 소화기관 속에서 소화가 잘되는 전분과 소화가 되지 않는 식이 섬유질이 있는데, 소화가 잘되는 전분은 체내에서 흡수되어 열량으로 쉽게 이용될 수 있는 값싼 열량원이면서도 중요한 영양소이다. 물에 쉽게 녹지 않고 단맛이 없으며, 특히 곡류를 주식으로 하는 우리나라 사람들에게는 중요한 에너지원이다. 섬유소, 펙틴, 검 등은 사람의 소화기관 내에서는 분해되지 않으나 장의 적절한 자극으로 변통을 도와 생리적인 측면, 기능적인 측면으로 볼 때 중요한 요소로 자리 잡고 있다.

① **전분**(starch)

식물의 저장 탄수화물로서 포도당만으로 구성되어 있는 다당류이다.

물에 쉽게 녹지 않고, 단맛이 없으며, 특히 곡류를 주식으로 하는 우리나라 사람들에게 중요한 에너지원이다. 식물에 존재하는 당질로서 주로 곡류, 감자류, 콩류 등에 많이 함유되어 있어 중요한 에너지원으로 작용한다. 전분은 아밀로오스와 아밀로펙틴으로 구성되어 있으며, 그 비율은 아밀로오스 20~25%, 아밀로펙틴 75~80%이다. 멥쌀과 찹쌀의 아밀로오스와 아밀로펙틴의 함량이 각각 다르다.

멥쌀은 아밀로오스 18%에 아밀로펙틴이 82% 함유되어 있고 찹쌀은 100% 아밀로 펙틴으로 되어 있어서 분자량이 훨씬 큰 찹쌀로 지은 밥이 더 찰진 이유이다. 그러나 멥쌀은 찹쌀보다 소화가 잘 되지만 노화 역시 찹쌀보다 잘 일어난다.

② **글리코겐**(glycogen)

동물의 간장(2~8%) 이나 근육(0.5~1%)에 과립 형태로 존재하는 동물성 다당류로서 동물성 전분(animal starch)이라고도 한다.

간에 저장되는 글리코겐은 혈당으로 바뀌어 우리 신체에 에너지를 공급하고 근육에 저장되는 글리코겐은 근육사용에 필요한 포도당을 제공하는데 특히 강도가 높고 지구력이 필요한 운동에 사용된다. 조개류, 굴, 균류, 효모 등에 다량 함유되어 있다.글리코겐의 구조는 전분의 아밀로펙틴과 유사하나 가지의 길이가 아밀로펙틴보다 짧고 많아서 체내에서 에너지가 필요할 때 포도당으로 빨리 분해된다.

동물의 근육을 고기로 이용할 경우 살아 있을 때는 글리코겐이 포도당으로 분해되어 에너지로 이용되지만, 도축하면 분해된 포도당은 에너지 생산의 역할 보다는 젖산을 생성하는 역할을 하기 때문에 근육을 산성화시켜 pH를 낮게 하는 요인이 된다. 도축된 고기의 pH는 저장에 중요한 역할을 하기 때문에 살아 있을 때 안정을 시켜 글리코겐이 풍부한 상태에서 도축해야만 젖산 생성량이 많아져 좀 더 오랫동안 저장할 수 있다. 근육의 글리코겐은 혈액 중의 포도당에서 합성되며, 글리코겐 이외의 탄수화물에서는 생성되지 않는다. 근육의 글리코겐은 근육이 활동하면 에너지원으로 소비되고, 소비된 양만큼 혈액의 포도당에서 보충된다. 따라서 적당한 운동은 근육의 글리코겐을 연소시킴으로써 혈당이 근육으로 이행되어 혈당을 낮추는 역할을 하게 된다.

③ **덱스트린**(糊精, dextrin)

전분을 묽은 산이나 효소로 가수분해 시키거나 물 없이 180℃ 이상으로 가열하면 가용성 전분을 거쳐 덱스트린으로 변화되고, 덱스트린은 맥아당과 포도당으로 분해된다. 전분이 분해되기 시작하여 맥아당이나 포도당으로 분해되기 전까지의 모든 분해 생성물을 덱스트린이라고 한다.

④ **섬유소**(셀롤로오스, cellulose)

섬유소는 식물 세포벽을 구성하는 다당류로서 포도당이 직선으로 결합해 있다. 인간의 소화 효소로서는 분해되지 않으며, 초식동물은 섬유소를 분해할 수 있기 때문에 섬유소를 에너지자원으로 이용한다.

식이 섬유소는 식물의 세포막 성분으로 사람의 체내 소화 효소로서는 분해되지 않는 고분자 화합물이며 에너지원으로 이용되지 못한다. 식이 섬유소는 도정을 적게 한 현미, 호밀, 채소 등에 함유되어 있는데, 특히 고구마에는 쌀밥 한 공기의 다섯 배가 넘는 식이 섬유소가 들어있다.

식이 섬유소는 물에 녹는 수용성 섬유소와 물에 녹지 않는 불용성 섬유소가 있다. 수용성 섬유소는 주로 과일, 해조류, 콩류에 많이 함유되어 있고, 불용성 섬유소는 주로 채소류, 잡곡류에 많이 함유되어 있다.

식이섬유소의 기능

① 식사 후의 혈당상승 속도 지연

식이 섬유소는 식사 후 소장에서 당의 흡수를 느리게 하여 급속한 혈당상승을 억제하고 인슐린 필요량을 감소시키는 효과가 있다. 또한 식이 섬유소는 포만감이 커서 공복감을 해소시키고 식사 섭취량을 줄이는 데 도움이 된다.

② 고지혈증 예방과 개선

식이 섬유소는 장에서 콜레스테롤의 흡수를 방해하고 대변의 콜레스테롤의 분비를 증가시킴으로써 혈액 내 지질 농도를 낮추어 고지혈증을 개선시켜 준다. 또한 고 섬유소 식사는 지방과 콜레스테롤 함량이 낮고 포만감이 커서 체중조절이 함께 가능해지는 효과도 있다.

③ 변비예방과 개선

식이 섬유소는 대변의 양을 증가시키고 대장 통과시간을 단축시켜 배변속도를 빠르게 한다. 또한 물을 흡수하여 변을 부드럽게 만들어서 배변하기 쉽게 도와준다. 따라서 식이섬유소 섭취량을 늘릴 때에는 식이 섬유소와 함께 수분을 충분히 섭취하는 것이 중요하다.

④ 헤미셀롤로오스(hemicellulose)

헤미셀롤로오스는 식물 세포벽을 구성하고 있으며, 섬유소보다 분자량이 적고 자이로오스(xylose)와 갈락토오스(galactose)로 구성된 복합다당류이다.

⑤ 펙틴(pectin)

펙틴은 식물의 세포벽, 세포간질, 과육, 과일의 껍질 등에 존재하며, 주요 구성성분은 펙틴산(pectic acid), 아라비노오스(arabinose), 갈락토오스(galactose)이다. 특히 잼, 젤리, 초콜릿, 아이스크림 등을 제조할 때에 안정제로 사용된다.

⑥ 키틴(chitin)

키틴은 게, 가재, 새우 등과 같은 갑각류와 곤충의 외골격(껍질), 사상균의 세포벽에 존재하며, 최근에 다양한 기능성이 있는 것으로 밝혀지면서 생물공학, 의학, 약학, 식품공학 분야에서 고부가가치의 생물 신소재로서 각광을 받고 있다.

키틴은 《본초강목》에서 종기나 부스럼 치료의 특효약으로 기록되어 있고, 최근의 연구 결과 제산작용, 궤양 억제, 콜레스테롤 저하작용, 장내 유용세균의 발육촉진, 면역작용 등이 있는 것으로 알려지면서 우리나라 《식품공전》에 건강기능식품으로 등록되어 있다.

3) 탄수화물의 기능

(1) 에너지 공급

탄수화물은 1g에 4kcal의 열량을 공급하며 소화·흡수율은 98% 정도이다. 특히 뇌, 적혈구, 신경세포는 포도당만을 에너지 급원으로 사용하므로 이들 세포의 기능을 유지하기 위해서는 탄수화물의 섭취는 꼭 필요하다.

(2) 장내 운동성 증진

식이섬유질은 셀룰로오스(cellulos), 헤미셀룰로오스(hemicellulos), 리그닌(lignin), 펙틴(pectin), 검(gum) 같은 것들이 있다. 이러한 식이섬유질은 장내에서 물을 흡수하여 부드러운 덩어리를 만들고, 이것이 소화기관 근육의 수축을 자극하여 장내에서 음식물이 잘 이동하도록 연동운동을 돕는 역할을 하여 장내 운동성을 증진시켜 준다.

(3) 단백질 절약작용

단백질도 에너지를 낼 수 있으나 단백질은 에너지를 내는 일 이외에도 단백질 고유의 중요하고도 필수적인 기능이 있다. 에너지원으로 이용되는 탄수화물의 양이 충분하지 못하면 단백질은 본래의 기능(체조직의 구성과 보수)을 못하고 에너지를 내는 데 쓰이게 된다. 그러므로 탄수화물을 충분히 섭취하면 단백질을 절약할 수 있다.

(4) 지방의 완전 산화 도움

체내에 존재하는 탄수화물의 양은 체내에서 분해될 지질의 양을 결정하게 된다. 즉 케톤체는 지질대사의 중간 생성물로서 탄수화물의 섭취가 극히 부족하거나 탄수화물의 체내 이용이 어려운 상태에서는 케톤체가 혈액에 축적되어 혈액을 산성화하고 식욕상실 등의 다양한 증상을 유발하는 케톤증을 유발한다. 따라서 탄수화물은 케톤체가 과잉으로 생성되고 축적되는 것을 방지하는 효과가 있다.

(5) 신체 구성 성분

탄수화물은 신체 내에서 중요한 몇 가지의 화합물을 형성 하는데 주로 윤활물질이나 손톱, 뼈, 연골 및 피부 등의 중요한 구성요소가 되고 있다. 그 외에도 단당류 중 5탄당인 리보오스는 DNA와 RNA의 중요한 구성성분이 되며 이당류인 유당은 칼슘의 흡수를 돕는 작용을 한다.

(6) 감미료 기능

서당, 맥아당, 포도당, 과당, 전화당 등은 감미료로 사용되어 음식의 맛을 돋우며 식욕을 증진시킨다.

4) 탄수화물의 섭취와 식품

(1) 탄수화물의 섭취

2005년 한국영양학회는 총 열량의 55~70%를 탄수화물에서 섭취하고 이에 해당하는 대부분을 복합탄수화물에서 섭취할 것을 권장하면서 복합탄수화물이 체중의 과다한 증가를 방지하고, 고지혈증과 당뇨병을 관리하는 데 효과적이며, 암의 발병을 낮추는 데도 유용하다고 하였다. 그리고 음식에 첨가되는 설탕과 같은 단순 탄수화물은 총 열량의 10% 정도가 바람직하며 최대섭취량은 25%로 제한할 것을 권장하였다.

식이섬유는 한국인의 평균 식이섬유 추정섭취량을 기준으로 하여 성인남자의 경우 25g/일, 성인여자의 경우 20g/일로 설정하였다.

(2) 탄수화물 식품

탄수화물은 말 그대로 탄소와 물이 결합한 물질 또는 당질 또는 당이라고 한다. 탄수화물은 크게 단순당질과 복합당질로 분류할 수 있다.

일반적으로 사탕이나 음료수 등과 같이 먹거나 마셨을 때 바로 단맛이 나는 것을 주로 단순당질이라 하고, 씹을수록 단맛이 나는 것을 복합당질이라고 한다.

단순당질은 포도당, 과당 등 단당류와 설탕, 엿당,(맥아당) 등의 다당류로 나뉘며 복합당질은 감자, 고구마, 곡류 등이 많은 전분이 대표적이다.

① 복합 탄수화물

섬유질이 풍부한 탄수화물로 소화흡수 속도가 느려 포만감이 오래가고, 포도당을 혈액으로 천천히 공급함으로써 지방으로 변환되어 저장되는 당분의 양을 제한하고 에너지를 오랫동안 유지할 수 있게 해준다.

〈 현미 〉

탄수화물, 단백질, 아미노산, 칼슘, 미네랄, 비타민 B군 등 필수 영양소 22종이 함유되어 있고, 식이섬유 함유량이 백미보다 높아 장운동을 활발하게 하며, 변비 예방에 매우 좋다. 몸속 노폐물의 배출과 혈액을 깨끗하게 해주며 미네랄, 아미노산이 풍부해 탈모 예방에도 좋다. Gi수치가 낮아 포만감을 오래 유지시킨다.

Gi수치란?
탄수화물이 몸 안에서 당으로 바뀌어 피 속으로 들어가는 속도를 나타내는 것으로 이 속도가 낮을수록 인슐린 분비가 적어 살이 찌지 않는다고 하여 다이어트 등에 활용되고 있다.

〈표 3-1〉 탄수화물 대표 식품

음식	복합탄수화물 (다당류)	밥, 라면, 국수, 빵, 떡, 과자
곡류	복합탄수화물 (다당류)	쌀, 보리 ,밀 등
감자 및 전분류	복합탄수화물 (다당류)	고구마, 감자, 찰옥수수 등
당류	이당류 탄수화물	서당, 맥아당, 유당 (우유 속에 든 탄수화물)
	다당류 탄수화물 (단순당)	포도당, 과당(꿀, 시럽), 갈락토오스, 사탕류, 초콜릿, 잼 등)

〈 고구마 〉

대표적인 알칼리 식품으로 칼륨 성분이 많아 몸속에 있는 나트륨 배출을 돕고 콜레스테롤 수치를 낮추어 성인병 예방에도 좋다. 식이섬유가 풍부해 배변을 원활하게 만들고 고구마에 함유된 비타민 E는 혈액 촉진을 도와 다이어트에 효과적이다.

다른 탄수화물 식품에 비해 Gi수치가 낮고 지방으로 쉽게 전환되지 않으면서 포만감을 유지시킨다. 노란색이 짙을수록 항암효과와 항산화 작용이 더 크다.

〈 감자 〉

식이섬유가 풍부하고 수분 함량이 높아 피부 건강에 좋다. 밥의 16배나 되는 칼륨을 함유하고 있어 수분조절 및 나트륨 배설을 촉진하는 효능이 있고, 나쁜 콜레스테롤(LDL : 저밀도 콜레스테롤)을 녹여 피를 맑게 해주어 고혈압, 동맥경화를 예방한다.

감자의 탄수화물 칼로리는 고구마나 밥보다 낮아 다이어트에 효과적이지만 고구마나 현미보다는 Gi수치가 높다.

〈 바나나 〉

바나나는 당질이 많은 알칼리 식품입니다.

각종 성인병과 고혈압 예방에 좋은 칼륨도 많이 함유되어 있고 섬유질과 비타민 C를 다량 함유하고 있어 배변 활동을 활발하게 해준다. 피부가 거칠거나 기미가 많은 사람에게 특히 좋다.

② 단순 탄수화물

섬유질이 부족한 탄수화물로 소화흡수 속도가 빨라 혈당을 급격히 올린다. 에너지를 넘치게 하여 당분을 지방으로 변환할 기회를 증가시키게 된다.

〈 설탕 〉

99.5%가 단순당인 식품이다.

세계보건기구가 '설탕을 통해 얻는 하루 열량 섭취량을 10% 이내로 제한하지 않으면 비만 등 각종 만성질환의 위험에 빠질 수 있다'고 경고할 정도로 제한이 필요한 음식이다. 과량 섭취하면 고인슐린혈증이나 비만, 당뇨병에 취약해지고 비타민 결핍을 초래한다.

〈 백미 〉

현미를 열 번 정도 도정한 것이 백미이다. 현미피와 배아(쌀눈)에는 쌀에 있는 전분질이 체내에서 에너지로 바뀌는데 꼭 필요한 비타민, 미네랄, 단백질, 필수지방산, 면역물질, 섬유질 등 영양소의 95%가 함유되어 있다. 흰쌀은 주요 영양소가 대부분 제거된 식품으로 칼로리만 높아 밥을 주식으로 하는 사람에게 좋지 않은 영향을 미칠 수 있다. 또한 소화가 빠르고 혈당을 빠르게 올리기 때문에 떨어질 때에도 빠른 속도로 떨어지게 된다.

〈 밀가루 〉

밀가루도 백미처럼 여러 번의 도정을 거친다. 이때 배아를 제외한 나머지 부분으로 제분하므로 탄수화물의 함량은 높고 비타민과 미네랄의 함량은 적다.

이것은 정제된 탄수화물이기 때문에 혈당을 빨리 올리고 빨리 떨어뜨려서 비만 위험의 요소가 따른다.

5) 탄수화물의 과잉 및 결핍

(1) 탄수화물의 과잉

① 비만

탄수화물을 많이 섭취하면 혈중 당분이 갑자기 상승하게 되고 이러한 과잉의 당분을 처리하기 위해 인슐린이 분비되게 된다. 인슐린은 당분을 글리코겐이라는 물질로 변환시켜 저장하거나 지방으로 변환시킨다. 특히, 탄수화물에 대한 의존성이 높은 비만환자의 경우 적은 양의 인슐린에는 무감각해져 점점 많은 양의 인슐린을 요구하게 되고, 많은 양의 인슐린은 배고픔을 더욱 느끼게 하여 음식물에 대한 욕구를 증가시키며, 체중은 점점 더 늘어나게 된다. 또한 패스트푸드와 인스턴트식품에 익숙한 현대인들은 지방뿐 아니라 정제된 탄수화물을 다량 섭취하는 반면 다른 영양소는 부족하게 된다. 이러한 과정이 지속되다 보면 우리의 신체는 균형을 잃게 되어 지방을 연소시키는 고유의 능력을 상실하게 되고 지방을 사용하기 보다는 저장하려는 쪽으로 기울어지게 된다.

② 지방간

지방간의 경우 지방을 많이 섭취해야만 발생하는 것이 아니라 탄수화물을 많이 섭취했을 때도 발생되는데, 이는 탄수화물이 에너지로 사용되고 남으면 지방으로 저장되기 때문이다.

지방간이란 말 그대로 간에 지방이 쌓인 상태를 말한다. 정상적인 간에는 2~3%의 지방이 있는데, 10%를 넘게 되면 지방간이라고 부른다. 당연히 내장지방이 많으면 지방간의 발생률도 높아진다. 기름기로 끈적끈적해진 간은 혈액순환이 나빠져 조금씩 세포가 죽게 되고 이로 인해 간에 수분이 없어져 간이 딱딱해지는 상태인 간경변증으로 발전해 심한 부종이 생길 수 있다. 비알코올성지방간은 성인뿐 아니라 최근 어린이에게도 나타나는 추세이다.

③ 당뇨

우리가 음식을 많이 섭취할수록 인슐린의 분비가 늘어나는데, 이것을 반복하게 되면 수용체의 민감도가 떨어져 포도당을 제대로 인식하지 못하고 흡수하지 못하게 된다. 결국 흡수되지 못한 포도당이 혈액을 떠다니게 되는 것을 당뇨라고 한다. 고 탄수화물 식사를 많이하게 되면 인슐린 저항성이 발생하게 되고, 인슐린 저항성이라는 것은 당뇨병뿐만 아니라 콜레스테롤, 혈압과 같은 다른 성인병들을 발생시키게 되며, 더 나아가서는 중풍, 심장병의 위험도를 급격히 증가시킬수 있다.

(2) 탄수화물의 결핍

① 단백질 손실

탄수화물 섭취가 부족하게 되면 우리 몸은 포도당만을 이용하는 세포(적혈구, 뇌세포, 신경세포 등)에 에너지를 제공하기 위해서 단백질로부터 포도당을 합성시키게 된다. 이를 포도당 신생합성이라고 하며, 이 과정에서는 지방은 사용하지 못하고 근육이나 간, 신장, 심장 등에 있는 단백질을 사용한다. 따라서 탄수화물 섭취가 계속 부족하게 되면 근육, 간, 신장, 심장 등에 있던 단백질이 너무 많이 빠져나가 쇠약해지게 된다.

② 케톤증

탄수화물의 섭취가 부족하게 되면 인체는 부족한 에너지를 보충하기 위해서 몸에 축적되어 있는 지방을 분해하여 사용하게 된다. 지방의 연소는 탄수화물 연소 과정의 도움이 필요한데, 체내의 탄수화물이 부족하면 신체 밸런스가 깨지고 에너지를 바꾸는 회로가 제대로 작동하지 못하여 지방을 완전히 산화시키지 못하게 된다.

불완전 연소된 지방산은 '케톤'이라는 강한 암모니아 냄새를 가진 물질과 함께 배출되는데 이것이 혈액과 조직에 축적되면 케톤증이라고 한다.

케톤증은 케톤체가 혈액 중에 증가하면서 호흡할 때 과일이 썩는 듯한 냄새를 동반하고, 상태가 장기적으로 지속되면 식욕저하, 동작둔하, 뇌손상 등으로 인해 정신적 작용에 방해를 받으며, 계속되는 갈증으로 인해 몸은 점차 탈수되는 경향이 있다.

6) 탄수화물의 소화 및 흡수

인간이 섭취하는 탄수화물은 대부분이 다당류이며, 다당류 중 가장 많은 부분을 차지하는 것이 전분(starch)이다. 전분 외에 많이 섭취하는 탄수화물은 이당류로서 서당(sucrose), 맥아당(maltose), 유당(lactose) 등이 있는데, 이들은 모두 단당류로 소화 된 뒤에 흡수된다. 그러나 섬유소(cellulose), 헤미셀롤로오스(hemicellulose), 펙틴(pectin) 등은 소화되지 않는 탄수화물이다. 소화기관은 입, 식도, 위, 십이지장, 소장, 대장을 지나서 항문으로 연결되는데, 이들 소화기관의 총 길이는 약 7~8m의 관으로 구성되어 있다.

(1) 입에서의 소화

① 기계적 소화

치아로 음식물을 씹어서 소화가 잘 되도록 절단하는 기계적 작용부터 소화는 시작된다. 따라서 소화가 잘 되려면 음식물을 충분히 씹어서 표면적을 크게 하는 것이 좋다.

② 침(타액) 중의 프티알린(ptyalin)

타액 중의 프티알린은 α-amylase라 하여 전분의 α-1, 4결합을 내외부에서 무작위로 절단하여 dextrin, maltose, glucose 등으로 분해한다.

프티알린(최적 pH 6.6)은 음식물이 입속에 있는 동안 전분을 가수분해시키는데, 입속에 머무는 시간이 적기 때문에 전분을 거의 소화시키지 못한 채 위(胃)로 간다.

위에서는 위산의 분비로 pH가 낮아지기 때문에 프티알린 고유의 기능을 상실하고 음식물은 위 내에서 15~30분 정도 머물게 된다.

③ 위에서의 소화

위에서는 위산이 분비되지만 탄수화물을 분해하는 능력이 없다. 그러나 위에 머무는 동안 과당을 구성 탄수화물로 하는 sucrose나 inulin같은 일부의 탄수화물은 위산에 의하여 일부분 소화되는 것으로 알려져 있다.

④ 소장에서의 소화

소장(십이지장, 공장, 회장 포함)은 대부분의 영양소가 소화 흡수되는 곳으로 위의 내용물이 십이지장으로 넘어가면 알칼리성의 이자액(췌장액)과 쓸개즙(담즙)이 분비되고, 소장벽에서는 장액이 분비되어 위에서 넘어온 위산은 중화되며, pH는 6.5~7.5가 된다. 이자(췌장)에서 분비된 전분 분해효소인 α-amylase의 최적 작용 pH인 7.1 정도가 되면 전분은 소화되어 dextrin, maltose, glucose 등을 생성한다. 그리고 소장벽에서 분비된 장액 속의 분해효소가 최종적으로 단당류로 소화시켜 흡수 과정으로 들어가게 된다.

⑤ 대장에서의 소화

소장에서 소화 흡수되지 못한 식이섬유가 대장으로 이동해 오면 장내 세균에 의하여 가용성 섬유질이 소화되면서 유기산과 가스가 생성된다. 유기산의 일부는 대장의 세포벽에서 흡수되고, 불용성 섬유질과 기타 소화 흡수되지 못한 물질들은 직장으로 이동해 항문을 통하여 배설된다.

(2) 탄수화물의 흡수

소화된 영양소가 소장 점막의 상피세포 내로 들어가는 과정을 흡수(absorption)라고 한다. 흡수된 단당류는 십이지장 및 공장의 모세혈관을 통해 이행되고, 장 사이의 막에 있는 문맥(portal vein)을 통하여 간으로 운반된다.

당질의 흡수 형태는 단당류(포도당, 과당, 갈락토오스)이며 흡수율은 98%이다. 갈락토오스와 포도당은 능동수송으로 과당은 촉진 확산에 의해 흡수된다.

Beauty and Health

미용과 건강

CHAPTER

04

영양소의 종류 및 기능 3

1. 비타민(수용성, 지용성)

1) 비타민의 역사

비타민은 1740년 스코틀랜드의 의사였던 제임스 린드가 선원들의 괴혈병을 연구했을 당시에도 알려지지 않았다. 괴혈병은 잇몸이 약해지고 피가 나는 증상을 보이는데 이로 인해 많은 선원들이 목숨을 잃었다.

20세기 초까지만 해도 에너지를 만들어내는 3대 영양소와 무기질만이 영양소라고 여겨왔다. 20세기 중 · 후반까지도 괴혈병, 각기병, 구루병, 펠라그라, 야맹증, 악성빈혈 등의 질병들의 원인이 밝혀지지 않아 치료 불가능한 질병으로 여겨왔으나 이 질병들을 연구하는 과정에서 관계가 깊은 새로운 물질들을 발견하게 됐는데 이것이 비타민이다.

긴 항해를 하는 선원들에게 감귤류와 레몬주스의 섭취를 권고했고, 그 후에 신기하게도 괴혈병이 예방되고 회복되었는데, 이는 감귤류와 레몬쥬스에 함유되어 있는 아스코르빈산, 혹은 비타민 C를 성분이 공급되었기 때문에 나타난 효과라는 사실을 발견하였다. 1911년 폴란드 화학자 카시미르 풍크는 현미에 있는 각기병을 막아주는 효과를 가지고 있는 성분이 아민(질소를 포함하고 있는 유기화합물)임을 밝혔으며, 생명유지에 꼭 필요한 아민(vital amine)이라는 뜻으로 비타민(Vitamine)이라고 이름을 붙였다.

2) 비타민의 정의

비타민은 건강유지와 성장을 촉진하기 위하여 정상적인 생리기능을 수행하여 완전한 물질대사가 일어나도록 하는 유기화합물로서 라틴어의 vita(생명)와 amin(질소를 함유한 복합체)의 합성어이다.

비타민은 신체의 구성성분이나 칼로리(에너지)는 아니다. 그러나 비타민은 생명에 필수적이다. 이들은 대사를 조정하고 소화된 음식으로부터 에너지가 방출되게 하는 생화학적인 과정을 도와줌으로써 건강에 기여한다. 비타민은 체내에서 합성되거나 충분한 양이 합성되지 않으므로 음식을 통해 섭취해야 한다.

비타민의 고유명은 알파벳 순서 A, B, C나 그 물질의 특징, 발견 과학자의 이름을 고려하여 명명하였고, 여러 종류의 물질들을 공통점이 있는 것끼리 묶었으며, 용해도에 따라서 지용성 비타민과 수용성비타민으로 분류하였다.

3) 비타민의 종류

비타민은 수용성 비타민과 지용성 비타민으로 나뉜다.

① 지용성 비타민

- 지용성 비타민은 지질이나 기타 유기용매에 용해된다.
- 물에는 용해되지 않고 기름에 용해되기 때문에 지질이 함유된 식품에 들어있다.
- 너무 많은 양을 섭취하게 되면 체내에 저장되어 독성(과잉 중독 증세)이 생길 수 있다.

- 지용성 비타민은 지방에 의해 용해되고 장관 벽을 통해 몸속에 흡수되어 담즙과 지방산 등에 의해 혈액 운반을 한다.
- 지용성 비타민은 몸속의 지방조직과 간에 장기간 저장될 수 있다.
- 지용성 비타민에는 비타민 A, D, E, K가 있다.

② **수용성 비타민**

- 수용성 비타민은 물속에서 용해되는 비타민을 말한다.
- 체내에 저장되지 않으므로 항상 필요량을 음식에 의해 공급받아야 한다.
- 수용성 비타민은 혈중에 비타민 농도가 높아지면 요 중으로 쉽게 배설된다.
- 수용성 비타민에는 비타민 C와 비타민 복합체가 포함된다.

〈표 4-1〉 비타민의 기능

종류		성질	대사 작용	결핍증
A(레티놀)		지용성	로돕신(시홍)의 구성분	야맹증, 상피의 각질화
B복합제	B_1(티아민)	수용성	탈탄산 효소의 구성분	각기병, 신경염
	B_2(리보플라빈)		플라빈 효소의 구성분	생장 저해, 저항력 감퇴
	B_6(피리독신)		아미노산 대사의 조효소	피부염, 근육 퇴화
	니코틴산		탈수소 효소의 성분	피부염
	판토텐산		아세틸화 효소의 조효소	생장 부진, 탈모
	엽산		핵산 대사에 관여	빈혈
	B_{12} (시아노코발아민)		핵산의 합성	악성 빈혈, 생장 억제
C(아스코르브산)		수용성	생체 내 산화 환원	괴혈병, 뼈의 연화
D(칼시페롤)		지용성	칼슘 흡수 촉진	구루병
E(토코페롤)		지용성	핵산 대사, 산화 환원	생식력 감퇴
K		지용성	프로트롬빈 합성	혈액 응고 지연

4) 지용성 비타민

비타민 A

(1) 비타민 A의 종류

비타민 A는 동물성 식품과 식물성 식품으로 섭취할 수 있다. 비타민 A는 지용성 비타민이므로 지방이나 기름과 결합했을 때에만 체내로 흡수된다.

비타민 A는 사람의 성장과 발육을 촉진하는 비타민으로 상피조직의 건강을 유지하는 데 상피세포의 합성뿐만 아니라 폐, 피부, 소화기관, 눈점막 표면층, 구조유지 등에도 관여를 한다.

비타민 A는 동물성 식품에 많이 함유되어 있으며 녹황색의 식물성 식품에는 체내에서 비타민 A의 전구체인 카로티노이드의 형태로 들어 있다. 비타민 A의 전구체인 베타카로틴은 장과 간에서 레티놀로 전환되며, 전환되지 않은 베타카로틴은 체 내에서 85%가 지방조직에, 10%는 간에, 나머지는 다른 조직에 널리 퍼져 있다.

식물성 식품에서 공급되는 카로티노이드(carotinoid)는 과일과 채소의 붉은색, 녹황색, 노란색, 오렌지색 등을 내는 색소이다. 카로티노이드 생성 물질에는 알파-카로틴(α-carotene), 베타-카로틴(β-carotene), 루테인(lutein), 라이코펜(lycopene), 크립토잔틴(cryptoxanthin), 칸타잔틴(cantaxanthin), 지아잔틴(zeaxanthin) 등 자연계에 약 500여 종이 존재한다. 그러나 이들 중 알파-카로틴, 베타-카로틴, 베타-크립토잔틴(β-cryptoxanthin) 등 50여 종만이 레티놀(retinol)로 전환될 수 있다.

즉, 동물성 식품에서 공급되는 A와 식물성 식품에 함유되어 있는 카로티노이드계 색소물질은 체내에서 비타민A로 전환하기 때문에 비타민 A 전구체라고도 한다.

(2) 비타민 A의 기능

① 정상적인 시력유지이다.

어두운 곳에서도 시력을 감지할 수 있도록 명암을 조절하는 시자홍(Rhodopsin)의 구성 성분이다.

망막에는 원추세포와 간상세포가 있는데, 밝은 곳에서 강한 빛에 흥분되어 형태, 명암, 색체 감각광을 일으키는 세포를 원추세포라 하고, 어두운 곳에서 작용하여 명암과 형태시각만 일으키는 세포를 간상세포라 한다. 간상세포 속에 있는 시자홍은 주로 비타민 A의 합성물질이다. 비타민 A가 부족한 사람의 경우에는 밝은 광선속에서 어두운 곳에 들어갔을 때 시각의 감지가 지연되는 증세를 보이고 있는데, 이러한 현상을 야맹증이라 한다.

② 상피조직의 건강유지

상피세포에 점액을 분비하여 윤활제의 역할을 함으로서 세균에 의한 감염이나 미생물 등이 상피 조직으로 침투되어 들어가는 것을 보호하는 역할을 한다.

비타민 A가 부족하게 되면 피부가 과도한 각질화 증상으로 인해 건조하고 거칠거칠하게 된다. 또한 가렵고 각질이 생기며 한선과 피지선의 기능이 눈에 띄게 저하되어 건선 같은 피부염에 쉽게 걸리게 된다.

③ 성장, 생식 및 생명유지

비타민 A는 성장기 아동에게도 직접적인 영향을 미치는데 결핍되면 뼈의 성장이 저하되거나 미성숙한 세포가 성숙한 근육, 피부 등의 손상이 나타난다. 성장기 아동이 비타민 A가 결핍이 되면 골격의 성장이 정지되거나 부실하게 되며 제대로 성장하지 못한 척추로 인하여 중추신경계에 손상이 나타난다. 신경증세의 마비로서 신경의 정상적인 기능이 상실되어 운동능력이 소멸되는 증세를 보이게 된다.

④ **면역기능의 저하**

비타민 A의 전구체인 카로틴은 체내에서 항산화 작용을 함으로서 부족 시 감기와 결핵에 잘 걸리고, 야맹증, 안구건조증 등이 나타날 수 있다.

결핍 시에는 시각과 관련하여 초기에는 야맹증을 비롯하여 건조증까지 발전되며 심하면 실명이 될 수도 있다.

비타민 A는 체내에 저장이 되므로 과잉섭취 시 식욕부진, 두통, 발열, 구토 등을 유발한다.

(3) 비타민 A의 급원식품

비타민 A의 동물성 급원 식품은 동물이나 간유, 어패류, 장어, 계란노른자 등에 많이 함유되어 있고, 베타-카로틴은 녹황색 채소(당근, 시금치 등)와 해조류(김, 미역 등)에 많이 함유되어 있다.

비타민 D(Calciferol)

(1) 비타민의 D의 종류 및 구조

비타민 D는 다른 음식물과는 달리 반드시 음식물로 섭취해야만 하는 것이 아니라 일상생활 가운데에서 자외선을 충분이 조사하면 비타민 D를 합성할 수가 있다.

비타민 D도 다른 비타민과 같이 전구체를 가지고 있는데, 이들 전구체는 에르고스테롤(ergosterol)과 7-디하이드로콜레스테롤(7-dehydrocholesterol)로서 자외선에 의하여 합성되어 비타민 D_2 및 D_3가 된다. Ergosterol은 비타민 D_2의 전구체로 효모, 버섯 등의 식물계에 존재하며, 7-dehydrocholesterol은 비타민 D_3의 전구체로서 사람의 피하조직에 존재하고 있다.

(2) 비타민 D의 기능

비타민 D는 달걀노른자, 생선, 간 등에 들어 있지만 대부분은 햇빛을 통해 얻는데 자외선이 피부에 자극을 주면 비타민 D 합성이 일어난다. 그러나 햇빛의 자외선을 오래 쬐면 피부 노화가 촉진되고 피부암이 발생할 수 있어 자외선차단제의 사용이 증가하고 있지만, 이에 따라 비타민 D 부족 현상도 나타나고 있다. 또한 겨울철에는 야외 활동이 적어 일조량 부족으로 인한 비타민 D 결핍이 오기 쉽다. 비타민 D가 결핍한 사람은 비타민 D와 칼슘 보충제를 복용하는 것이 바람직하다.

비타민 D는 지용성(脂溶性)이므로 몸속에 들어오면 지방조직에 흡수되지만 지방조직은 비타민 D를 쉽게 놓아주지 않는다. 따라서 지방양이 많은 비만 환자일수록 비타민 D 부족이 오기 쉽다. 결국 비만한 사람들은 비타민 D가 부족하고 비타민 D 부족이 비만을 악화시키는 악순환을 가져온다. 비타민 D는 지방에 용해되는 지용성 비타민으로서 골격 형성에 필요한 칼슘을 대장과 콩팥에서 흡수시키는 데 기여하는 것으로 알려졌다. 천연이나 식품 가공품에 비타민 D가 함유된 식품 재료는 모두 지방을 동반하고 있다. 비타민 D는 지용성 에르고스테롤이 자외선의 도움으로 만들어진 것으로, 비타민 D의 기본 분자가 스테로이드(steroid) 구조이다.

생명 유지에 필수 영양소인 비타민 D(calciferol)는 D_2(ergocalciferol)와 D_3(cholecalciferol)로 분류된다. 비타민 D_2는 효모와 식물 스테롤(sterol)인 에르고스테롤(ergosterol)로부터 만들어지며, 비타민 D_3는 햇빛 자외선을 피부에 쪼이면 콜레스테롤의 전구체인 7-디히드로콜레스테롤(7-dehydrocholesterol)로부터 만들 수 있는데, 이들의 효율성은 거의 같다.

비타민 D는 체내에서 합성된 것이나 식품으로 섭취된 것 모두 활성호르몬의 전구체인 프로호르몬(pro-hormone) 형태이며, 간(肝)과 신장(腎臟)에서 활성형으로 전환되어야 생물학적 기능을 발휘할 수 있다. 비타민 D는 체내에 흡수된 칼슘을 뼈와 치아에 축적시키며 흉선에서 면역세포가 생산되도록 도와준다. 비타민 D는 신장에서 칼슘과 인산염이 재흡수되는 것을 돕는다. 혈액 내에 칼슘과 인산염의 농도가 적절히 유지되는 것은 뼈의 석회화에 반드시 필요하다.

비타민 D의 가장 중요한 생리적 기능은 칼슘(Ca)과 인(P)의 소장에서의 흡수를 촉진한다. 그리고 칼슘과 인의 배설을 적게 하여 체내 농도를 적절하게 균형을 유지하며, 칼슘을 뼈에 침착시켜 골격형성에 관여한다.

또한 비타민 D는 혈액 중의 칼슘 축적을 조절하는 부갑상선의 기능을 원만하게 하고, 갑상선의 기능도 건전하게 한다. 생식기능이 있으며, 결핵치료를 촉진하는 면역증강 작용이 있고, 유전자 조절 및 세포분열을 촉진하며, 백혈병, 유방암, 림프암, 대장암 등의 암을 억제한다.

〈그림 4-1〉 비타민 D의 활성화 기전

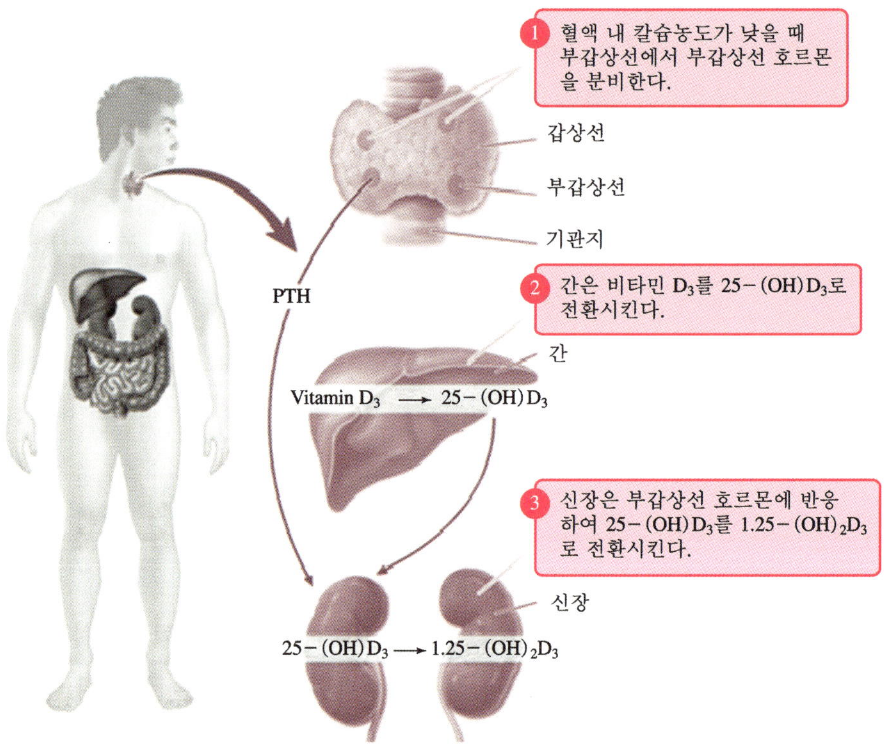

(3) 급원식품과 필요량

비타민 D의 공급은 건강한 성인이 햇빛에 의하여 피부에서 합성되는 양으로 충분하다. 그러나 햇빛을 통하여 비타민 D의 공급을 충분히 받지 못하면 식품 중의 비타민 D를 섭취함으로서 공급해야 한다. 그러나 대부분의 식품에는 비타민 D가 거의 함유되어 있지 않다. 급원식품으로서는 청어, 연어, 정어리, 다랑어, 새우 등 지질이 많은 생선과 계란, 우유, 요구르트, 버터, 생선간유 등의 동물성 식품, 비타민 D가 강화된 식품, 마른버섯 같은 식물성 식품 등이 비타민 D의 좋은 급원이라고 할 수 있다.

버섯에는 에르고스테롤이라는 프로비타민 D가 포함이 되어 있다.

비타민 D가 부족하게 되면 성장기 어린이의 경우 골격이 연화되어 구루병이 발생할 수 있으며, 성인은 뼈 속의 밀도가 낮아져 골다공증을 유발할 수가 있다.

과잉 섭취 시에는 구토, 식욕감퇴, 신장의 손상, 체중감소가 일어날 수 있다.

비타민 E(tocapherol)

(1) 비타민 E의 종류 및 구조

비타민 E를 토코페롤(tocapherol)이라 부르며 체내 수많은 대사 과정에서 중요한 역할을 하는 것으로 자연에 널리 분포되어 있다. 대부분 섭취량의 약 30~50% 정도가 흡수되며 식이지방과 같이 섭취하면 흡수율이 증가한다.

비타민 E는 지용성 비타민 중에서 공기 중의 산소에 의하여 가장 산화되기 쉬우며, 여기에 광선이 비치게 되면 산화는 더욱 빨라진다. 이렇게 비타민 E가 다른 물질들보다 빨리 산화됨으로써 다른 유지류의 자동산화를 억제하는 항산화제로서 작용한다.

비타민 E는 혈액에서 지단백에 의해 운반이 되고 혈액 내 들어있는 비타민 E는 주로 알파-토코페롤의 형태로 전체 토코페롤 중 80% 이상을 차지한다.

(2) 비타민 E의 기능

① 인체에 매우 중요한 황산화제 역할을 한다.

비타민 E는 항산화 작용으로서 불포화지방산의 산화분해로 발생하는 독성을 방지하여 노화를 방지한다.

그러므로 비타민 E는 혈액순환을 개선하고, 말초혈액순환을 촉진하여 피부의 주름 등 말초혈관을 확장하므로 혈액이 좋아지면 피부의 주름 등 노화현상을 예방할 수 있으며, 기미나 주근깨 등의 색소침착 발생을 막아 주는 작용을 한다.

그리고 인체 내의 모든 세포막의 구성 성분인 지방산의 파괴를 방지하거나 세포막의 안정성과 강직성을 부여하여 정상적인 세포막을 형성하는 데 중요한 역할을 한다. 또한 비타민 E는 헤모글로빈(hemoglobin)의 구성성분인 헴(heme)의 합성에 관여하기 때문에 부족할 때에 빈혈을 일으키기도 한다.

이외에도 뇌졸중과 심장병을 예방하고, 황체 호르몬을 정상적으로 유지하며, 임신의 조건을 형성할 뿐만 아니라 세포의 수명을 연장시키고, 호흡을 보호하고 에너지를 향상시켜 운동능력을 향상시킨다. 또한 뇌세포의 활동을 왕성하게 하고, 동맥경화 및 암을 예방하며, 스트레스에 의한 피로회복과 노화를 방지한다.

② 비타민 E는 심혈관 질환을 예방한다.

비타민 E는 LDL 콜레스테롤의 막에 있는 다가불포화지방산의 산화적인 손상을 방지하는 것은 물론 산화된 다가불포화지방산에 의한 연쇄적인 산화 반응으로 Apo B단백질이 산화되어 변성되는 속도를 지연시킨다.

심혈관질환 예방 역학조사에서 비타민 E의 섭취가 높은 사람들이 심장병 발생이 낮게 나타났다. 당뇨병 환자에게 알파 토코페롤을 복용한 결과 산화 스트레스는 감소하였으나 혈당 조절에 대한 역할은 아직 확실하지 않다. 즉 일부 연구에서는 토코페롤 보충이 혈당 조절에 좋은 결과를 보였으나, 다른 연구에서는 아무 효과가 없었거나 오히려 나쁜 결과를 보였다. 최근에 비타민 E가 당뇨병 발생을 예방하는 결과를 보였는데 이는 비타민 E 보충제가 아닌 식품으로부터 섭취한 경우에만 나타났다.

이외에도 유해한 LDL 콜레스테롤 수치를 낮추고 유익한 HDL 콜레스테롤 수치를 높이며, 혈관 기능을 보호한다. 또한 혈소판의 지나친 응집을 억제하여 혈전 생성을 방지하고 동맥 혈관에서 염증 반응을 억제하며, 염증 반응에서 생성되는 활성이 높은 자유기에 의한 손상을 예방한다. 그리하여 심혈관 질환의 위험을 낮춘다.

③ 비타민 E는 세포 노화를 막으며 백내장을 예방할 수 있다.

또한 상처의 치유를 촉진하고 흉터를 개선하는 데 도움이 된다. 실제로 비타민 E를 성인의 충분 섭취량인 10mg α-TE보다 훨씬 더 많이 보충하면 정상적인 면역력이 증가하고, 비정상적인 면역-염증 반응인 자가면역 질환, 아토피성 피부염, 관절염 등의 증상들을 감소시키는 데 도움을 준다는 연구결과가 있다.

비타민 E가 풍부하게 들어있는 대표적 식품은 식물성 유지(해바라기씨, 유채씨, 잇꽃씨 기름 등)와 식물성 유지로 만든 제품(마가린, 쇼트닝 등)이다. 기름기 있는 생선, 갑각류, 견과류, 곡류, 녹색채소, 동물성 기름 등에는 소량 함유되어 있다. 비타민 E는 불포화지방산이 많은 식용유와 견과류에 조금씩 함유되어 있다.

(3) 급원식품 필요량

비타민 E는 과다 섭취하여도 독성이 잘 나타나지 않는 지용성 비타민으로서 과다증에 대한 증상이 잘 알려져 있지 않다. 다만 비타민 E(α-tocopherol)를 수개월 또는 수년간 과량 섭취하였을 경우 근육무력, 피로, 착시, 메스꺼움, 설사, 경련 등의 증세가 나타날 수가 있다.

비타민 E는 섭취량이 많아지면 지방조직의 비타민 E의 양은 증가하는데 다른 조직에서의 양은 변화가 없거나 적은 양이 증가한다. 그리고 비타민 E의 섭취량이 줄면 지방조직에서의 분비는 천천히 일어나고 간과 혈액에서는 빠르고 양이 감소한다. 비타민 E의 주요 배설경로는 담즙을 통하여 대변으로 배설되고 소변으로는 약 1% 정도가 배설된다.

비타민 E는 콩기름, 옥수수기름, 면실유 등의 식물성 유지(해바라기씨, 유채씨, 잇꽃씨 기름) 과 씨눈에 많이 함유되어 있고, 동물성 기름에도 함유되어 있으나 그 양은 매우 적다. 식물성 식품에는 녹색채소, 고구마, 땅콩에 소량의 비타민 E가 함유되어 있다.

비타민 K(phylloquinone, menaquinone, menadione)

(1) 비타민 K의 종류

비타민 K는 혈액응고를 위해 필요한 영양소이다.

비타민 K는 혈액을 응고시키는 데 필수적인 비타민으로서 "K"는 독일어 "Koagulation(응고)"의 첫 자에서 따온 것이다.

비타민 K는 동물성과 식물성 식품에 풍부하게 함유되어 있고 장내 미생물에 의해 합성되므로 건강한 사람에게는 결핍증은 거의 없다. 또한 비타민 K는 조리 시 손실도 적은 편이다. 장내 박테리아는 여러 비타민을 합성한다. 비타민 K의 경우 사람의 장(腸) 속에서 합성된 비타민 K가 흡수된다. 이에 사람은 식품을 통해 섭취하는 비타민 K에만 의존하지 않고 장내 합성 비타민 K도 이용한다.

일상의 식사에서 부족한 비타민 K를 보충할 목적으로 섭취하는 건강기능식품의 기능성은 비타민 K 공급이 충분치 않으면 혈액 응고가 지연되므로 이를 예방한다.

비타민 K는 식물성 식품에 함유되어 있는 필로퀴논(phylloquinone, 비타민 K1)과 육류와 생선기름 등 동물성 식품에 존재하는 메나퀴논(menaquinone, 비타민 K2)이 있으며, 메나디온(menadione, 비타민 K3)은 지용성 합성물로서 비타민 K의 전구체이다.

비타민 K는 다른 지용성 비타민과 마찬가지로 흡수는 담즙과 췌장액의 도움을 받아 이루어지고 식이지방에 의하여 촉진된다.

비타민 K의 주요 급원 식품에는 녹색채소, 콩, 달걀, 과일, 곡류, 우유, 고기 등이 있으며, 그 중 비타민 K의 영양 밀도가 높은 식품에는 시금치, 브로콜리, 케일 등이 있다.

(2) 비타민 K기능

① 비타민 K가 모자라면 지혈이 늦어진다.

비타민 K는 체내 혈액응고를 위하여 필수적인 물질이다. 혈액응고의 과정은 조직의 상처 혹은 혈소판의 변화로 시작해서 피브린의 형성으로 끝나는 일련의 반응으로서 부족하면 지혈이 되지 않는다.

② 혈청 칼슘이온의 생성을 돕는다.

비타민 K는 뼈의 석회화에 관여하여 뼈의 유지 및 골절치료에 중요한 역할을 하기 때문에 장기간의 비타민 K 부족은 키의 성장을 억제할 수 있다. 또한 폐경기 이후의 골다공증 치료 및 예방, 암 예방과 치료에 유효한 것으로 알려져 있다.

〈그림 4-2〉 혈액응고 기전

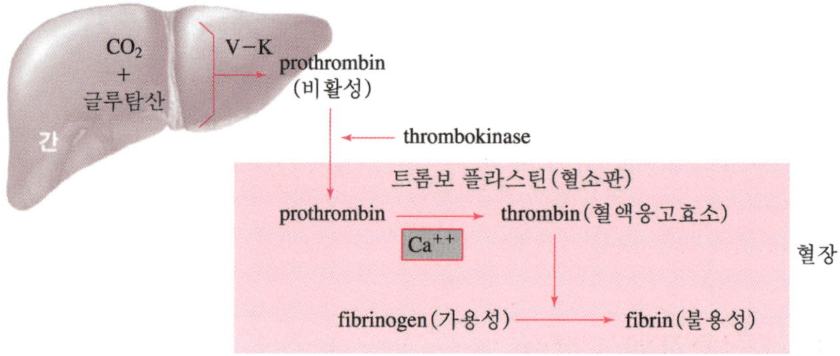

(3) 급원식품과 필요량

비타민 K의 주요 급원 식품에는 녹색채소, 콩, 달걀, 과일, 곡류, 우유, 고기 등이 있으며, 그 중 비타민 K의 영양 밀도가 높은 식품에는 시금치, 브로콜리, 케일 등이 있다. 체내에서는 장내 세균에 의하여 합성되기 때문에 결핍증은 거의 없다. 그러나 신생아나 장기간 항생제를 복용하는 사람들은 장내 세균의 발육을 억제하여 비타민 K의 합성이 충분하지 못하기 때문에 결핍증이 나타날 수도 있다.

비타민 K의 부족은 혈액의 응고가 지연되거나 출혈이 멈추지 않아 혈액이 부족하여 쇼크로 사망할 수가 있다. 그리고 지질의 흡수가 되지 않거나 지방변증, 만성 췌장염, 간질환이 있을 때에도 비타민 K의 결핍증이 나타날 수 있다.

5) 수용성 비타민

수용성 비타민은 지용성 비타민과 달리 쉽게 물에 용해되고 외부의 자극 (열, 산, 광선, 알칼리 등)에 의해 쉽게 변화되는 성질을 가지고 있다. 때문에 비교적 안정하지 못하다. 수용성 비타민은 장(腸)에서 흡수되어 순환계를 통해 비타민이 사용되는 특정한 세포조직으로 운반된다. 이들은 물에 얼마나 잘 용해되는가에 따라 구별되며, 수용성 비타민을 과다하게 섭취하면 세포에 어느 정도 저장되고 식사량을 통해서 과다하게 섭취하면 대부분 소변으로 배출하게 된다.

비타민 C의 생리학적 기능은 잘 알려져 있으나 정확한 물질대사 메커니즘은 아직도 불확실하다. 또한 비타민 C가 조효소로 작용하는가에 대해서도 밝혀지지 않고 있으며, 단지 뼈와 치아의 발육, 혈관벽과 피하조직의 유지, 상처의 회복 등의 작용이 알려져 있다. 최근 쟁점이 되고 있는 가설은 비타민 C를 많이 섭취하면 감기 예방 및 면역효과가 있다는 것이다.

수용성 비타민은 물에 용해되기 때문에 소장에서 능동수송, 수동수송, 확산에 의해 혈액 중으로 쉽게 이동하여 전신을 순환한다. 소장에서 흡수된 후 수분 내에 이용되며 축적되지 않고, 소변을 통해 배설되어 결핍되기 쉽기 때문에 식이나 보충제를 통해 자주 섭취해야 한다. 수용성 비타민은 열, 빛에 약하여 물에 씻거나 저장, 조리 과정 중에 쉽게 파괴되기 때문에 신선한 상태를 유지하거나 낮은 온도로 조리하는 것이 좋다.

비타민 B_1(Thiamin)

비타민 B_1는 최초로 발견된 비타민으로서 피리미딘(pyrimidine)과 티아졸(thiazol)로 구성되어 있으며, 티아민(thiamin) 또는 아노이린(aneurine)이라고 한다.

신경계와 정신적인 태도에 긍정적인 영향을 미쳐서 정신 건강 비타민이라고도 하며 질병에 걸렸거나 수술 직후, 스트레스를 많이 받으면 비타민 B_1이 더 많이 필요해진다.

① 음식물대사과정에 필수

티아민은 탄수화물, 지방, 단백질 등 3대 열량소로부터 에너지를 생산하는 과정 중에 매우 중요한 역할을 한다.

음식물 대사과정에 필수, 세포 기능 발휘를 위한 에너지 생성, 신경자극전달에 관여 탄수화물 대사과정 중에 조효소로 매우 중요한 역할을 한다.

② 포도당에 반드시 필요한 영양소이다.

특히 흡연이나 음주를 즐기고 설탕을 많이 섭취하는 사람은 더욱 많은 양의 B_1을 필요로 한다. 비타민 B_1이 부족하게 되면 당질대사가 진행되지 않아 포도당 중간 대사물질이 혈액과 조직 내에 축적되고, 포도당이 완전히 분해되지 못하면 피루브산과 젖산이 축적되어 식욕감퇴, 피로, 체중감소, 정신불안 등의 증세가 초기에 발병한다.

결핍증세가 심한 경우 하지의 부종, 경련, 말초신경의 마비를 초래하게 된다. 더욱 심해지면 심장의 장애를 동반하는 다발성 신경염을 일으키기도 한다. 이러한 증세가 각기증세로 발전이 되어 각기병과 신경염으로 진행이 되며 주로 백미를 주식으로 하는 지역에서 자주 발견하게 된다.

③ 신경전달물질의 합성

신경 세포막의 성분으로서 신경전달물질의 합성에 관여한다. 따라서 두뇌성장이 활발한 시기에 중요한 영양소이다.

(1) 결핍증

티아민(thiamine)은 당질을 분해하는 대사에 작용하고 말초신경염을 막는 작용이 있다. 티아민의 결핍은 주로 쌀밥을 주식으로 하는 식습관과 편식, 만성 알코올 중독에 의한 흡수장애, 장질환으로 인한 흡수장애 그리고 임신 등에 의한 수요의 증가 때문에 발생한다.

비타민 B_1의 결핍은 각기병(脚氣病, Beriberi)을 일으킨다.

당질대사가 진행되지 않아 식욕감퇴, 만성피로, 부종, 체중감소, 정신불안 등 뇌세포 손상 및 근육위축 등이 나타날 수 있다.

결핍은 도정이 많이 된 탄수화물 과다섭취, 심한 육체노동자, 임신부, 수유부, 고열성 질환 등에서 나타나기 쉽다.

결핍되면 각기병이 발생하는데 증상은 다발성 신경염(말초신경의마비, 하지의 부종, 심장의 장애)이 나타난다. 기억력과 사고력이 떨어지고, 불안감을 느끼며, 말초신경세포가 분해되어 정신장애가 생길 수 있다. 인체에서 필요한 양보다 과다하게 섭취하였을 경우는 소변으로 배설되기 때문에 과잉증상은 나타나지 않는다.

(2) 급원 식품

티아민은 체내에 축적되지 않고 소변으로 배설되기 때문에 매끼 식사를 통해서 공급하여야 한다.

티아민의 급원식품은 돼지고기, 해바라기씨, 말린 곡류(특히 현미나 보리, 두류), 콩류, 해조류, 버섯, 수박, 생선, 녹색채소 등에 함유되어 있다.

과량 섭취 시 B_1은 인체독성이 매우 낮기 때문에 섭취량의 상한선은 없다. 하지만, 비타민 B_1의 필요 이상으로 다량 복용했다면 혈장 티아민 농도가 일시적으로 증가할 수 있지만 소변을 통해 배설되기 때문에 혈장 티아민 농도 역시 정상으로 돌아온다.

비타민 B_2(Riboflavin)

(1) 기능

우리 몸의 에너지를 생성하고 신경을 보호하며 스트레스를 해소하는 역할을 한다. 입술, 혀, 눈 등의 점막 부분에 영향을 크게 주며 갑상선 호르몬의 수준을 높여 에너지를 발산시킴으로써 칼로리를 연소시킨다. 비타민 B가운데 미용상 가장 중요한 것은 비타민 B_2(Riboflavin) 로서 피부의 신진대사를 활발하게 함으로써 세포의 재생을 돕는다. 때문에 피부를 생기 있게 회복시켜주며 입술이 거칠고 마르는 것을 방지하고 윤기를 부여하게 된다. 비타민B_2는 탄수화물, 지방, 단백질 등 열량소의 대사에 없어서는 안되며, 결핍이 되었을 경우 이들의 대사가 저해되어 신체장애를 유발시킨다. 다른 비타민 B 활성에 필요하며 에너지 생성, 트립토판의 나이아신 전환, 동맥경화증이나 고혈압 예방(과산화지질분해), 성장촉진, 식욕증진, 질병에 대한 저항력 등도 강화시켜 준다.

비타민 B_2는 리보플라빈(Riboflavin)이라고도 하며, 리보플라빈은 라틴어의 'flavus'라는 노란색의 뜻과 사슬에 붙어있는 리보오스를 합쳐 붙여진 화학명이다.

Riboflavin은 성장촉진인자로 알려져 있으며, 리보플라빈은 밝은 노란색을 띠는 결정체이고 자외선에 의하여 쉽게 파괴되기 때문에 비타민 B_2의 보호를 위해서는 햇빛과의 접촉을 피해야 한다.

(2) 결핍증

설염, 구순염, 구각염, 결막염이나 백내장 같은 눈과 관련된 질병이 나타난다.

비타민 B가 부족된 식사를 계속 할 경우 성장이 부진하고 입 주위가 헐어 찢어지는 구각, 구순염이 발생하며 안구의 광과민 증상이 생긴다.

대체로 식품에는 비타민 B군이 동시에 함유되어 있으므로 비타민 B_2단독 부족에 의한 결핍증은 거의 보고된 바가 없고 다른 영양소의 부족과 관련된 대사경로의 장애로 의한 결핍이 대부분이다.

(3) 급원식품과 필요량

비타민 B_2의 주요 급원식품은 동물의 간, 우유, 요구르트, 치즈, 생선, 계란 등의 동물성 식품과 두류, 곡류, 버섯, 아스파라거스, 브로콜리, 시금치 등의 녹색채소 식품이다.

나이아신(Niacin) 비타민 B_3

(1) 기능

모든 조직세포의 정상적인 생명을 유지하는 데 없어서는 안되는 물질이다.

나이아신은 체조직을 구성하는 성분으로 탄수화물, 단백질, 지방 대사에 관여하는 효소를 활성화시키는 보조효소를 형성하여 산화 환원 반응을 원활하게 한다.

신경계와 뇌기능을 건강하게 유지하는 데 필요한 비타민이며 요리와 보관을 해도 효능을 잃지 않는 강한 성질을 지닌 비타민이다.

전체 물질대사에 필요한 영양소이며, 신경전달 물질의 생산과 피부의 수분을 유지시켜 주는 일에 관여하고, 혈관확장, 혈중 콜레스테롤 수치를 낮추는 일에 도움을 준다.

나이아신은 비타민 B_3라고도 하고, 체내에서 필수아미노산인 트립토판(tryptophan)으로부터 생합성 되며, 합성량은 트립토판 60mg에서 1mg의 비율로 합성된다.

트립토판은 간과 신장에서 나이아신으로 전환될 수 있는데, 철(Fe), 비타민 B_2, 비타민 B_6의 영양상태가 불량한 경우 트립토판으로부터 나이아신으로 전환되는 효율이 감소한다.

음식물대사과정에 필수, 에너지 생성, 지방산과 핵산 생성, 혈액으로 산소 운반 시 필요하다.

① 혈액순환을 개선하고 고혈압을 낮춰준다.

② 건강한 피부를 만들어준다.

③ 위장장애를 완화하고 소화계의 건강을 유지시켜 준다.

④ 콜레스테롤과 중성지방의 수치를 낮춰주고 지방의 신진대사를 돕는다.

(2) 결핍증

나이아신은 펠라그라를 유발하는데, 펠라그라는 햇빛에 노출된 피부의 염증, 구토, 변비, 설사, 연한 홍색 혀와 같은 소화기계 장애, 우울증, 무감각, 두통, 피로, 기억상실과 같은 신경계 장애를 나타낸다.

열대나 아열대 지방에서 많이 발생하는 이 병은 동물성 단백질을 별로 섭취하지 않고 옥수수를 주식으로 하는 지역에서 많이 발생하며 두통, 불면증 설사 착란 등의 중추신경 증상이 나타난다.

펠라그라는 '거칠거칠한 피부'라는 의미이며, 니코틴산과 트립프토판 섭취가 부족하여 니코틴산 결핍증으로 피부에 홍갈색 발진이 생기고 겉이 두꺼워지며 색소침착이 일어나는 병이다.

펠라그라의 증상은 4D로 표현하는데 피부염(dermatitis), 설사(diarrhea), 치매(dementia), 사망(death)을 꼽는다. 나이아신 결핍 초기에는 얼굴, 손발 등이 햇빛에 노출되면 피부의 이상 증세가 나타나고, 검어진다. 이 피부병은 손등, 모(毛), 얼굴 등에 대칭적으로 나타나고 햇빛에 노출되면 화상을 입은 것 같은 흑색 피부염을 일으킨다. 또한 펠라그라는 설사와 정신 착란을 동반하기도 하며 심한 경우 사망에까지 이른다.

옥수수의 나이아신 함량은 쌀과 비슷하고, 대부분의 채소에 비해 나이아신 함량이 오히려 높다. 그럼에도 불구하고 옥수수를 주식으로 먹는 사람들은 펠라그라에 걸리기 쉽다. 이는 옥수수의 나이아신은 단백질과 단단히 결합되어 있어 흡수율이 매우 낮기 때문이다.

(3) 급원식품과 필요량

돼지고기, 소고기, 닭고기, 동물의 간, 달걀, 우유, 땅콩, 고등어, 참치 등 동물성 식품에 많이 함유되어 있고 아스파라거스 배추김치 등의 식물성 식품에도 소량 함유되어 있다. 다른 수용성 비타민과 달리 열에 매우 안정적이다.

판토텐산(Pantothenic acid) 비타민 B_5

지방, 탄수화물, 단백질대사와 에너지 생성에 필요하며 핵심적인 역할을 한다.

세포의 생성을 도우며 혈중 콜레스테롤 및 중성지방 수치 감소효과가 있으며 관절염 통증 완화 효과가 있다.

육체와 정신의 스트레스를 방어하는 작용 때문에 항스트레스비타민이라 불려지는 비타민 B_5는 부신피질호르몬 및 아드레날린을 증가시키는 효과가 있다. 때문에 신체의 모든 기능과 관련이 있고, 원기를 증진시키며, 병균의 침입을 막거나 상처를 빨리 낫게 하여 병의 회복을 촉진시킨다. 그리고 신체의 정상적인 성장을 돕고, 뇌와 중추신경을 발달시키는 작용이 있으며, 노화를 예방하는 작용이 있다. 또한 여드름이 심하고 피부가 좋지 않은 사람들에게 피지를 조절시켜주고 피부노화에 효과를 준다. 콜레스테롤, 스테로이드 호르몬, 신경전달물질 합성 등에 관여한다.

① 엽산을 같이 섭취할 경우 흰머리 개선

② 콜레스테롤과 스테로이드 호르몬의 합성을 촉진하여 부신의 피로와 기능저하 방지

③ 항 스트레스 호르몬의 분비를 촉진하여 만성피로, 불면증을 개선해준다.
스트레스를 많이 받는 사람일수록 비타민과 미네랄의 소모가 많아지므로 Vit C, E, B_5를 충분히 섭취하면 스트레스에 강해진다.

(1) 결핍증

무기력증, 발의 무감각과 통증, 체중감소, 피로, 피부염, 불면증, 탈모 등이다.

판토텐산은 결핍되는 경우가 거의 없으나, 알코올 중독자, 만성 투석환자, 당뇨병 환자 등에서는 결핍될 수 있다. 결핍증상으로는 스트레스로 인한 피로, 불면증, 초조감, 현기증, 근무

력증, 발육지연, 부신피질, 기능저하, 저혈당, 저혈압, 위 염증, 설사 등이 있다. 그러나 과잉 섭취하였을 경우 설사의 원인이 된다.

(2) 급원식품과 필요량

육류(특히 간), 우유, 계란노른자, 콩류, 브로콜리, 감자, 버섯, 로얄젤리, 효모 등 열과 산에 약하여, 가열하거나 산성 물질과 접촉하면 50% 정도 파괴된다.

비타민 B_6(Pyridoxine, Pyridoxal, Pyridoxamine)

(1) 기능

우리 몸의 적혈구를 만들고 에너지를 생성하도록 도와주기 때문에 가장 중요한 비타민 B의 하나로 꼽히며 기분을 향상시키고 수면유도를 원활하게 하며 신경계 전체에 영양을 공급해준다.

비타민 B_6는 자연계에서 피리독신(pyridoxine), 피리독살(pyridoxal), 피리독사민(pyridoxamine)의 세 가지 물질로 존재하는데, 일반적으로 비타민 B_6를 피리독신이라고도 부르며 체내에서 어떠한 분자와 결합하여 영양소대사에 조효소로 작용한다.

피리독신은 주로 식물성 식품에 함유되어 있으며, 피리독살과 피리독사민은 동물성 식품에 함유되어 있다. 열에는 안정하지만 자외선 조사에 의하여 파괴되며, 쉽게 산화되어 기능을 상실한다.

비타민 B_6를 아미노산 대사에 관여하며, 트립토판이 나이아신으로 전환되는 과정에도 관여한다. 또한 신경세포의 신경전달물질을 합성하고, 헤모글로빈의 합성과 백혈구의 합성에 필요한 비타민이다. 여러 가지 호르몬과 골격계의 형성 기능을 조절하고, 치아감염과 충치예방에도 관여한다. 수용성 비타민으로 섭취한 후 8시간 이내에 몸 밖으로 배출되므로 꾸준히 공급해 줄 필요가 있다.

(2) 결핍증

비타민 B_6는 대부분의 식품에 함유되어 있기 때문에 결핍증은 잘 나타나지 않지만, 부족 시 피로, 피부염, 빈혈이 생긴다. 비타민 B_6 피리독신은 여성의 생리적증후군을 조절하려는 목적으로 복용할 경우 호르몬의 변화로 인한 피로, 체중증가, 불쾌감, 우울증 두통 등의 부작용을 초래한다.

결핍증상으로는 면역기능 장애, 성장장애, 불면증, 근육기능 이상, 구강 내 염증, 신경계 이상, 조급증, 구토, 피부염 등이 나타날 수 있다.

(3) 급원식품과 필요량

간, 내장, 밀의 배아, 콩, 호두, 계란, 현미, 양배추, 멜론, 생선, 곡식의 껍질, 육류, 어패류, 생선, 우유 등이다.

비타민 H(Biotin)

비오틴은 체내에서 여러 가지 효소의 보조 효소로 작용하며 지방간의 합성과 산화작용, 탄수화물 대사작용 등에 관여한다.

Biotin(비오틴)은 피부염을 방지하는 비타민으로서 독일어 "Haut(피부)"에서 "H"를 따와 비타민 H라고도 한다. 비오틴은 공기, 광선, 열에는 비교적 안정하지만 자외선에 노출되었을 때는 서서히 파괴된다.

(1) 기능

비오틴은 소장에서 흡수되며 탄수화물, 지질, 단백질의 대사를 정상적으로 유지하는 데 중요한 역할을 한다. 비오틴은 머리카락이 희어지는 것을 방지하고, 탈모증 예방 및 치료에 효과가 있으며, 습진과 피부염에도 좋다.

비오틴은 아비딘(avidin)이라는 단백질에 의하여 흡수에 방해를 받는다. 아비딘은 생 계란의 흰자에 들어있으며, 대장에서 서식하는 미생물에 의해 생산, 공급되므로 결핍증이 거의 보이지 않으나 항생제를 장기간 사용할 경우에 나타날 수 있다. 장 속에서 비오틴과 결합하여 복합체를 형성하기 때문에 비오틴의 흡수를 방해한다.

(2) 결핍증

비오틴은 모든 식품에 함유되어 있고, 장내 세균에 의하여 합성되어 결핍되는 일은 잘 없지만, 모유에는 비오틴이 부족하기 때문에 모유를 먹는 어린이, 항생제를 장기간 복용하는 환자들에게서 가끔 나타날 수 있다.

비오틴의 결핍증상은 탈모, 머리카락 탈색, 지루성 피부염, 습진 등이 발생하며, 모유를 먹는 영아에게는 입, 눈, 코 주위의 피부발진, 붉은 반점의 피부염, 머리, 눈썹의 탈모 증상이 나타난다.

(3) 급원식품과 필요량

비오틴은 모든 식품에 널리 존재하며 특히 육류의 간, 콩팥, 계란노른자, 두류, 견과류가 좋은 급원이다.

Folate(엽산)

(1) 기능

푸른 채소에 풍부한 엽산은 단백질 대사에 관여하고 체내에서 아미노산의 합성에 영향을 준다. 엽산을 의미하는 라틴어인 "folium"에서 유래되었으며, 정상적인 적혈구 생성에 필요한 핵산합성에 관여, 특히 DNA 합성에 필요하며 적혈구 형성을 조절하기도 하고 세포분열에 요구되는 영양소이다.

엽산은 소장에서 흡수되어 혈액을 통해 신체의 각 세포로 이동하며 여분의 엽산은 간에 저장된다.

특히 임산부가 경구피임약을 복용하거나 흡연을 할 경우 잘 나타나고, 비타민 B_{12}의 협력자로서 적혈구의 생산을 도와 악성빈혈을 방지하며, 태아의 면역발달에도 중요한 역할을 한다.

동물에서는 골수 내 연약한 세포의 성숙 촉진작용이 있고, 적혈구 합성 초기단계에서 엽산이 부족하면 DNA는 합성되지 않으며, 세포만 커지는 미숙한 거대 적아구성 빈혈이 발생한다. 따라서 엽산이 부족하면 정상 적혈구가 혈액에 적은 양이 존재하기 때문에 산소운반이 감소되고 거대 적혈구성 빈혈(macrocyticanemia)이 발생한다.

(2) 결핍 및 과잉증

엽산은 결핍이 자주 발생하면서도 과잉섭취에 의한 부작용도 많이 발생한다.

엽산이 부족하면 아미노산 대사에 영향을 미쳐 세포분열이 정상적으로 일어나지 않으므로 빈혈이 발생하고, 성장장애, 피로, 심한 피부질환, 탈모, 순환장애, 피로, 우울증이 올 수 있다. 과잉 섭취는 불면증, 신경자극, 불쾌감을 유발한다.

(3) 급원식품

엽산은 동물의 간, 곡류제품, 녹색 잎의 채소류, 달걀, 오렌지, 녹색채소, 녹두, 땅콩, 해바라기 씨 등에 함유되어 있으며, 엽산은 열, 산화, 자외선 등에 매우 취약해서 식품 중에 함유된 엽산의 50~90% 정도가 파괴되므로 날것으로 섭취하는 것이 좋다.

비타민 B_{12}(Cabalamin)

(1) 기능

비타민 B_{12}는 중심에 무기질인 코발트(Cobalt, Co)가 함유되어 있기 때문에 코발아민(cobalamin)이라고 한다.

코발트 이온을 함유하고 있는 코발라민 조효소로서 혈구세포의 성장과 분열에 관여하며 신경세포의 유지를 돕는다. 비타민 중에서 금속이온을 구성성분으로 하는 것은 비타민 B_{12}뿐이며, 상업적으로 많이 이용되는 것은 코발트에 시안기(-CN)가 결합되어 있는 시아노코발아민(cyanocobalamin)이다.

인체 내에 성분을 합성시킬 때 꼭 필요한 성분으로 부족하게 될 경우에는 합성이 잘 이루어지지 않아 적혈구의 세포분열이 잘 되지 않으며 악성 빈혈증세가 진행이 된다. 이 B_{12} 비타민은 식물에는 거의 함유되어 있지 않고 동물의 간, 신장에 많이 함유되어 있으며, 굴에도 많이 함유되어 있다. 습관적으로 술을 자주 마시거나 평소 음주량이 많은 사람에게 B_{12}는 중요한 영양소이다.

【효능】

① 뼈를 튼튼히 하여 골다공증을 예방한다.

② 적혈구를 생성, 재생하여 빈혈을 예방한다.

③ 어린이의 식욕을 증가시켜 성장을 촉진한다.

④ 멜라토닌(수면조절호르몬)의 생성을 촉진한다.

⑤ 엽산과 결합해 피부를 건강하고 탱탱하게 만들어주는 효과가 뛰어나다.

(2) 결핍증

결핍증상은 매우 드물지만 악성빈혈이 나타난다.

과다복용에 의한 독성으로부터 안전한 수용성비타민이다.

다량의 비타민 B_{12}를 복용하면 체내에서 불필요한 양은 소변으로 배출된다.

2000mg/일 이상의 고용량 복용 = 신경손상을 유발하여 손발 저림, 입 주위 감각상실, 근육기능 손실 등이 나타나게 된다.

200mg=손발 저림, 혈청 엽산농도 저하 등 B_6의 독성종말점은 신경장애이다.

(3) 급원식품

육류의 간, 생선, 굴, 치즈, 우유 등에 많이 함유되어 있고, 채식자들에게는 결핍되기 쉬워 악성빈혈을 유발하기도 한다.

Vitamin C – 아스코르빈산(Ascorbic acid)

(1) 기능

비타민 C는 아스코르빈산이라고도 불리며 필요한 만큼의 양을 초과하였을 때에는 소변으로 배설된다.

비타민 C는 세포를 접합시키는 시멘트와 같은 물질인 콜라겐의 형성과 유지에 꼭 필요하다. 때문에 결핍이 되면 세포 사이의 콜라겐이 감소함으로써 혈관벽이 약화되어 신체의 어느 부분에서나 출혈이 발생하고 치아와 잇몸의 구조가 변하면서 관절의 확대 및 출혈로 인한 빈혈 등의 괴혈병 증세가 나타난다.

괴혈병을 방지하는 물질로 많은 조직에 풍부하게 존재하는 단백질인 콜라겐의 형성에 필수적인 요소이다. 비타민 C가 부족하면 정상적인 콜라겐을 유지할 수 없게 되므로 이로 인한 신체적 변화가 생기게 된다. 오늘날 괴혈병은 거의 볼 수 없으나 이따금 편식을 한 결과 영아, 어린이, 노인에게서 일어나기도 한다.

비타민 C는 수용성이며 쉽게 산화되므로 식품의 판매, 가공, 저장 중에 손실되기 쉽다. 토마토, 감귤류, 주스와 기타 산성과일을 제외한 식품은 저장, 조리, 통조림 제조과정 중에 비타민 C가 어느 정도 손실된다. 장기간 찬 곳에 저장하거나, 장시간 조리하거나, 산소 존재 하에서 고온에 식품을 방치하면 손실은 더욱 커진다. 또한 조리수를 버리면 물에 녹아 있는 비타민 C의 손실을 가져오는 결과가 많다.

비타민 C를 보존하려면 가능한 한 식품을 공기와 접촉하지 않은 상태로 찬 곳에 저장하며 단 시간에 조리하고, 식품을 잘게 썰지 않는 것이 좋다.

① 항산화작용

비타민 C는 자신이 산화됨으로써 다른 물질이 산화되는 것을 방지하거나 억제하고 손상된 산화물질을 제거한다.

아스코르빈산은 쉽게 산화되는 성질이 있기 때문에 비타민 E(비타민 A의 전구체) 항산화제로서 작용할 수 있으며, 실제로 식품 가공 시에 산패를 막기 위한 목적으로 이용되고 있다. 신체 내에서도 비타민 C는 리놀레산을 비롯한 고도 불포화 지방산, 비타민 E, 비타민 A 등이 산화되는 것을 막는 것으로 생각되어 진다.

② 콜라겐의 합성

비타민 C는 체내 여러 효소반응의 조효소로 쓰이며 피부, 골격, 혈관, 연골 등의 결합조직을 구성하는 주요 단백질인 콜라겐 합성에 관여한다. 콜라겐은 조직세포를 서로 결합시키는 '시멘트'처럼 작용하는 단백질로서 뼈, 연골, 치아, 결체조직, 피부 등에 많이 함유되어 있다.

③ 아미노산 대사

비타민 C는 체내에서 콜라겐 합성을 위한 하이드록시화 반응 이외에 다른 중요한 반응에도 참여한다.

특히 뇌중추 신경계에서 아미노산 티로신(tyrosine)으로부터 형성된 도파민이 하이드록시화 반응을 거쳐 노에피네프린(norepinephrine)으로 될 때 비타민 C가 요구되며, 이 외에도 비타민 C는 카르니틴(carnitine)이 생합성 될 때에도 요구된다. 이것은 심장, 골격근육, 간 또는 다른 조직의 구성성분으로서 지방산이 세포질로부터 미토콘드리아 내로 운반될 수 있도록 돕는 역할을 하는 물질이다. 아미노산 대사 이외에도 비타민 C는 여러 하이드록시화 효소와 함께 스테로이드 약품, 또는 지방 대사의 초기 단계에서 중요한 생화학적 기능을 행한다.

기타 기능으로 비타민 C는 무기 철분의 흡수를 높이고 폴라신의 활성 형태인 테트라하이드로폴라신(THFA)을 유지시킴으로써 간접적으로 적혈구의 형성에 관계한다.

④ 철의 흡수의 도움

비타민 C는 소장에서 철분을 환원형으로 전환시킴으로써 헤모글로빈에 결합되어 있지 않은 식물성 철분의 흡수를 촉진한다.

⑤ 기타

ㄱ. 항산화 기능(유해산소로부터 세포를 보호)

ㄴ. 면역체계를 강화하고 암에 대한 저항력을 높여준다(발암물질인 니트로사민의 형성을 막음).

ㄷ. 혈중 콜레스테롤 치수를 낮춰 바이러스와 박테리아에 의한 전염을 예방한다.

ㄹ. 기분을 좋게 해주는 세로토닌 합성을 도와 스트레스를 완화시켜준다.

(2) 비타민 C의 결핍증

비타민 C의 부족은 결합조직에 있어 콜라겐 합성을 저해하므로 괴혈병, 체중저하, 피로, 타박상, 상처 및 골절 치유 지연, 멜라닌색소 침착, 감염성 병에 대한 저항성이 감소된다.

비타민 C의 가벼운 부족으로는 만성피로, 코피, 가쁜 숨, 소화 장애, 우울증 등이며, 충분한 섭취를 통해 쉽게 치유될 수 있다.

* 괴혈병 : 잇몸이 붓고, 쉽게 출혈, 치아가 느슨해짐, 손발의 민감, 근육 쇠약, 식욕감퇴, 손톱 밑 출혈, 피하 출혈, 소변의 혈흔, 상처치료 지연, 늑연골 접합부위 확대, 빈혈, 숨참

(3) 급원식품

과일 및 채소류로 오렌지, 레몬, 자몽, 샐러드용 채소, 피망, 감자, 딸기, 고추, 피망, 브로콜리, 키위, 토마토, 감자, 양배추, 시금치 등이 있다.

쉽게 산화되는 성질 때문에 저장, 조리 및 가공법에 따라 파괴되기 쉽다. 따라서 단시간에 조리하고 산도(pH)를 낮게 유지하며 금속용기와의 접촉을 피하도록 한다.

2. 무기질

무기질의 체내 주요기능은 조직을 구성하는 것이다.

사람이 정상적으로 성장하고 건강을 유지하기 위해서는 다양한 종류의 무기질(다량무기질)과 미량 무기질을 필요로 한다.

탄수화물, 지질, 단백질 및 비타민의 일부는 인체 내에서 합성이 가능하지만 무기질은 합성이 되지 않기 때문에 반드시 식품을 통하여 섭취해야 할 영양소이다.

인체 내에 가장 많은 무기질은 뼈를 만드는 성분인 칼슘과 인이며 무기질은 인체 내에서 소량이 존재하지만 신체의 구성성분이면서 근육조직과 체액에서 많은 생리작용에 관계하고 있어 생명유지에 절대적으로 필요한 영양소이다.

1) 무기질의 기능

(1) 신체의 구성 성분

체조직을 구성한다.

칼슘과 인, 불소는 골격과 치아 같은 단단한 조직을 형성하고 혈액에는 철, 칼슘, 인, 나트륨 등이 함유되어 있으며 황은 손톱, 발톱, 피부에 함유되어 있다.

아연, 구리, 망간 등은 연골, 피부, 뼈 주위조직과 같은 연결조직을 구성한다. 따라서 체조직을 구성하는 무기질이 적당하게 공급되지 않으면 골격의 형성과 발달, 치아의 발달이 원활하지 못하게 된다.

(2) 산 · 알칼리 균형

과도한 음식물 섭취와 운동은 대사의 불균형으로 인하여 산성을 띠는 무기질을 남기며, 체액이 산성을 띠게 되는데 인체는 산, 알칼리를 조절하는 완충계가 있어 이를 조절하는 기능이 있다. 때문에 인체 내에서 무기질은 체액에 녹아 이온의 형태로 존재하는데, 체내에서 대사작용이 정상적으로 유지될 수 있도록 체액의 산도(acidity)나 알칼리도(alkalinity)의 균형을 맞추어 적절한 pH가 유지되도록 한다.

(3) 호르몬, 효소, 비타민 구성

무기질은 인체 내에서 여러 가지 중요한 기능을 하는 호르몬, 효소, 비타민의 구성성분이 된다. 요오드(I)는 갑상선호르몬, 황(S)과 아연(Zn)은 인슐린을 구성한다. 철(Fe)은 피의 헤모글로빈을 구성하고, 염소(Cl)는 위산을 구성하여 소화 작용을 돕는다. 효소의 구성성분으로서 철은 시토크롬계 효소, 아연은 탄산탈수소효소, 몰리브덴(Mo)과 철은 진탄산화효소를 구성하고 있다. 비타민의 구성성분으로서 황은 비타민 B_1과 비오틴을 구성하고, 코발트(Co)는 비타민 B_{12}를 구성하고 있다.

(4) 삼투압 조절

무기질은 세포·내외액 및 세포 사이에 존재하는데 세포내액에는 주로 칼륨이, 세포외액에는 주로 나트륨이 용해되어 있다. 세포막을 중심으로 나트륨과 칼륨은 서로 적절한 농도를 유지하면서 삼투압을 일정하게 유지하는 데, 세포가 적당한 영양을 얻기 위해서는 혈액에서 세포 내로 영양소가 운반되어야 한다. 물은 반투과성의 세포막을 통하여 삼투압에 의하여 운반이 되며, 이동하는 방향과 양은 무기질의 농도에 의하여 결정된다. 따라서 무기질이 균형을 이루지 못했을 때 체액은 축적되어 부종을 일으키거나 탈수현상을 일으킨다.

2) 다량 무기질

(1) 칼슘(Calcium, Ca)

① 기능

칼슘은 신체 내 존재하는 무기질 중 가장 많은 부분을 차지한다.

체중의 약 1.5~2% 정도가 존재하고, 인체에 함유된 칼슘의 약 99% 정도가 골격과 치아를 형성하며 나머지는 혈액 및 근육에 존재한다. 갑상선호르몬과 비타민 D에 관여하는 호르몬을 분비하며 혈중 칼슘농도를 유지하는 데 관여한다.

또한 칼슘은 출혈이 있을 때 프로크롬빈(prothrombin)을 트롬빈(thrombin)으로 전환시켜 수용성의 피브리노겐(fibrinogen)을 불용성의 피딱지인 피브린(fibrin)으로 바꾸어 혈액을 응고시켜 지혈작용을 하기도 한다.

식품을 통하여 섭취한 칼슘의 10~30%가 장을 통하여 흡수되며, 십이지장에서는 능동수송에 의하여 흡수되고, 공장과 회장에서는 수동적 확산에 의하여 흡수된다. 칼슘의 흡수는 여러 가지 요인에 의하여 촉진되거나 저해된다.

칼슘의 흡수를 증진시키는 요인으로서는 성장기, 임산부, 수유부, 혈액 내 칼슘 이온농도 저하, 유당, 비타민 C 및 D, 장의 산성화 등이다. 반면 칼슘의 흡수를 저해하는 요인은 비타민 D 결핍, 과량의 지방 및 식이섬유 섭취, 장내의 염기성 환경, 폐경기 등이 있다.

② 결핍증 및 과잉증

칼슘의 섭취가 부족하게 되면 골다공증이 생기며 아동의 경우 성장장애로 인해 구루병이 유발된다.

근육의 수축과 신경기능에 칼슘이 중요한 역할을 하기 때문에 혈중 칼슘농도가 낮으면 근육통, 근육경련 등의 증상이 나타난다.

지나친 칼슘 섭취는 근육이나 심장과 같은 연부 조직에 칼슘이 침착되며 신장기능이 손상된다.

③ 급원식품

우유나 뼈째 먹는 생선, 시금치나 브로콜리 등에 많이 들어 있다.

〈그림 4-3〉 건강한(정상적인) 뼈와 골다공증

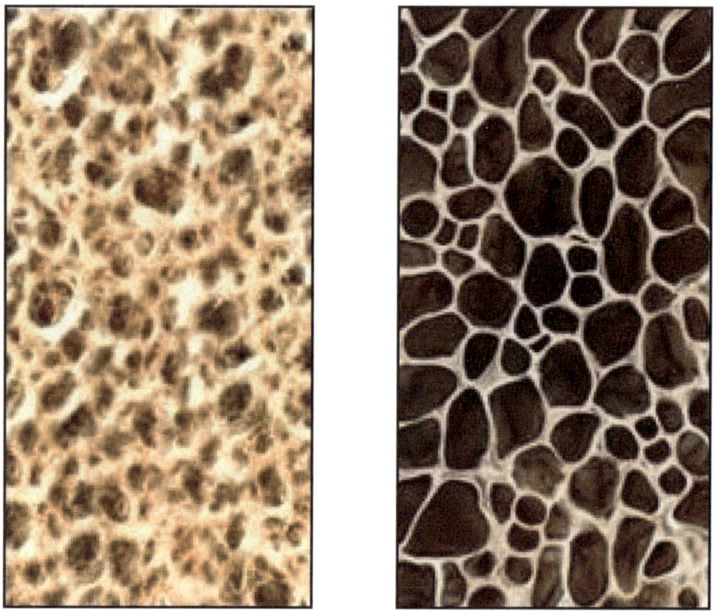

Normal bone
(정상적인 뼈)

Osteoporosis
(골다공증)

(2) 인(Phosphorus, P)

① 기능

칼슘 다음으로 풍부한 무기질로 인체 내에서 인은 체내에 골격과 치아를 형성하게 되고 85%가 경조직에 나머지 15%는 뇌, 근육, 신경, 간, 폐, 체액 등 연조직에 존재한다. 뼈에 존재하는 칼슘과 인의 비율은 2 : 1이다. 또한 인은 에너지 대사의 조효소나 핵산, 그리고 APT 등의 주요한 성분이 되며 세포막을 이루는 인지질의 구성성분이 된다. 인산의 형태로 여러 대사물질과 결합하며, 식품에는 우유나 유제품, 육류, 곡류 등 매우 다양하기 때문에 인 결핍증은 흔하지 않다. 더욱이 현대에는 인 함유량이 높은 여러 가공식품이나 탄산음료가 늘어나면서 그 섭취량은 증가하는 추세이다. 인은 체내에서 칼슘을 많이 섭취하여 칼슘과 인의 섭취 비율은 1~1.5 : 1이 유지되도록 하는 것이 바람직하다.

인은 소장 상부에서 흡수되며, 흡수율은 약 70% 정도이고, 비타민 D와 칼슘은 인의 흡수를 촉진시키는 영양소이다. 음식 섭취를 통한 인의 흡수는 칼슘과 비슷한 양이 존재할 때 흡수율이 높고, 어느 한 가지라도 많이 있으면 흡수가 저해되어 배설된다.

장에서 흡수된 인은 혈액을 통하여 뼈, 치아 등에 축적되고, 일부는 체조직으로 운반되어 이용된다. 뼈와 조직 내의 인은 혈중 농도가 낮아지면서 다시 방출되어 혈액으로 이동된다. 체내 인의 양을 조절하는 것은 흡수율보다 신장을 통하여 재흡수 또는 배설함으로써 조절한다.

신장에서 인의 재흡수는 비타민 D와 부갑상선호르몬이 관여하는데, 비타민 D는 인의 재흡수를 촉진시키지만 부갑상선호르몬은 인의 재흡수를 억제한다.

② 결핍증

결핍증으로 식품에는 인이 많이 함유되어 있어서 결핍증은 잘 일어나지 않지만 인이 결핍되거나 칼슘과 균형이 맞지 않을 때 어린이는 성장이 지연되고, 뼈의 기형, 치아의 모양이나 구성이 변형될 수 있고, 성인은 골연화증이나 골다골증이 발생할 수 있다.

③ 과잉증

과잉섭취 시는 독성이 나타나는데 연조직, 특히 신장의 무기질 침착이 나타난다. 정상인의 신장은 혈액 내의 과도한 인을 충분히 제거할 수 있기 때문에 문제가 없으나, 신장 기능이 떨어지면 식품을 통해 섭취된 인산도 고인산혈증을 유발하며 근육경련 등을 일으킨다.

또한 칼슘 섭취량이 적고 인 섭취량이 많은 식사를 계속하면 부갑상선 호르몬 농도가 증가하고, 뼈의 교체속도가 증가하며, 골질량과 골밀도가 감소해 골절이 생길 수 있다.

④ 급원식품

일반적으로 단백질이 많이 함유된 육류, 어류, 알류, 우유 등에 많이 함유되어 있다.

(3) 마그네슘(Magnesium, Mg)

① 기능

체내에 분포되어 있는 마그네슘의 3/1은 인산과 염을 형성하여 골격조직의 성분이며 근육과 체액에도 존재한다.

엽록소의 구성성분으로서 식물성 식품에 많이 함유되어 있고, 성인은 체내에 약 25~30g의 마그네슘을 함유하고 있다. 이 중 약 60~70%는 칼슘 및 인과 결합하여 골격과 치아에 존재하고, 나머지는 근육, 간에 분포되어 있다.

마그네슘은 칼슘, 칼륨, 나트륨 등과 함께 신경자극전달과 근육의 수축 및 이완작용을 조절한다. 마그네슘과 칼슘과는 반대로 신경을 안정시켜 근육이완 작용을 하는 서로 상반된 작용을 한다.

무기질은 골격과 치아의 구성에 필수적이다. 특히 치아의 에나멜질에서 칼슘의 안정성을 증가시켜 충치를 예방한다.

② 결핍증

알코올 중독자나 콰시오커 등의 환자에게서 마그네슘의 흡수가 부족하면 신경기능과 근육기능이 비정상적으로 되며, 특히 심장 근육 기능이 비정상일 수 있다. 또한 설사나 구토로 인하여 체액이 많이 소실되거나 신장병, 간경화증, 급성 췌장염 등으로 흡수가 부족하면 발생한다.

혈중의 마그네슘이 감소하면 세포외액의 다른 무기질과 균형이 무너져 신경자극전달, 근육의 수축 및 이완 등이 정상적으로 이루어지지 않아 신경과 근육에 심한 경련이 발생한다.

③ 과잉증

마그네슘을 약제나 보충제의 형태로 과잉섭취하면 가슴앓이, 소화불량, 복통, 메스꺼움 등의 증상을 나타낸다.

④ 급원식품

마그네슘은 엽록소의 구성성분이기 때문에 녹색 채소에 많이 함유되어 있고, 전곡류에도 많이 함유되어 있으며, 코코아, 견과류, 두류 등에 많다.

(4) 칼륨(Patassium, K)

① 기능

칼륨(potassium, K)은 나트륨(Na)과 같이 체액의 주요 전해질이다. 칼륨은 나트륨과 함께 작용하여 체내의 수분 양과 산 · 알칼리 균형을 조절한다. 나트륨은 세포 밖에 주로 분포되어 있으나 칼륨의 95%는 세포 안에 존재한다.

칼륨과 나트륨의 균형은 정상 혈압의 유지, 근육의 수축과 이완 등에 영향을 미친다. 칼륨의 균형은 나트륨에서와 같이 신장에서 배설이나 보유량을 조절함으로써 유지된다.

혈액 내 칼륨의 농도가 낮으면 식욕 감퇴, 근육 경련, 발작 등이 일어나고 심장박동이 불규칙해지며 생명이 위협 받게 된다. 또한 고혈압 치료제로 사용하는 이뇨제(利尿劑)가 체내의 칼륨을 고갈시킨다. 최근 연구에 의하면 이뇨제를 복용하면서 칼륨을 충분히 섭취하지 않으면 뇌졸중 위험이 높아진다. 다이어트를 할 때 초저열량 식사를 하는 사람이나 격렬한 운동을 하는 사람들도 칼륨 결핍의 위험이 있다.

칼륨을 과량 섭취하면 배탈이 나고, 신장 기능이 약하면 칼륨이 혈액에 쌓여 심장 기능을 저해한다. 따라서 신장 기능이 저하된 사람은 칼륨 섭취량을 조절해야 한다. 장관 또는 혈관 영양을 통한 칼륨 과다 공급은 급성 중독을 일으킬 수 있으며 칼륨의 급성 중독이 발생하면 심장마비로 인해 사망할 수 있다.

칼륨은 소장에서 쉽게 흡수되고, 장내 소화액 중에 많은 양이 들어 있으며, 이들은 대부분 재흡수 된다. 흡수된 칼륨의 대부분은 소변으로 배설되며, 이뇨작용이 있다.

세포내액에 존재하며, 체액의 정상적인 삼투압 유지, 수분유지, 산 · 알칼리 평형유지 등에 관여한다. 그리고 신경의 흥분, 근육의 수축 및 이완 등을 조절한다. 또한 탄수화물대사와 단백질 합성에 관여하며 혈압을 낮추는 것과도 관련이 있다.

② 결핍증 및 과잉증

칼륨은 모든 식품에 존재하고 있어서 결핍증은 잘 발생하지 않는다. 칼륨이 부족한 경우는 지속적 구토와 설사에 의한 체액 손실, 알코올 중독, 위 절제, 이뇨제 복용, 저열량 식사, 영양 실조 등의 원인으로 나타난다.

결핍증은 식욕부진, 근육약화, 무기력, 정신착란, 불규칙적인 맥박 등이 있다.그러나 신장기능이 저하된 경우 과다증이 나타나는데 심장박동을 느리게 하고, 혼수, 호흡곤란, 사지마비 등의 증세가 나타난다.

③ 급원식품

칼륨은 식품에 널리 분포되어 있으며, 특히 콩류, 곡류, 과일 및 채소류, 감자, 육류 등에 많이 함유되어 있다.

(5) 나트륨(Na)

① 기능

세포외액에 가장 많이 존재하는 양이온으로 염소와 결합하여 체액에 존재하며 소장에서 확산을 통해 흡수된다. 혈중 나트륨은 부신피질 호르몬인 알도스테론(aldosterone)에 의해 조절된다.

나트륨은 근육의 전기화학적 자극을 전달하여 근육의 흥분성을 정상적으로 유지하고, 나트륨-칼륨 펌프작용을 통하여 포도당이나 아미노산 같은 영양소가 세포를 통과하도록 돕는다.

② 결핍증

나트륨이 부족하면 혈압이 떨어지거나 근육경련이 일어날 수 있고, 구토, 식욕부진, 집중곤란, 무기력, 흥분, 두통, 경련발작 등의 증상이 생긴다.

③ 과잉증

나트륨은 결핍보다는 주로 과잉 섭취가 문제가 된다. 과잉섭취 시에는 체액의 삼투압 증가로 고나트륨혈증과 고혈압, 부종, 위암 등의 발현 가능성이 높아진다.

④ 급원식품

나트륨은 주로 소금의 형태로 섭취하게 되지만 육류, 우유 등 단백질 식품에도 많이 함유되어 있다.

(6) 염소(Chloride, Cl)

① 기능

바닷물이나 생물체 내에서는 이온상태(Cl^-)로 존재하고, 소금의 주요 성분으로 자연계에 널리 분포하며, 특히 생명에게 필수적 요소이다.

염소는 세포외액과 혈액 등에 음이온 상태로 존재하며, 보통 성인의 인체에 약 100g 정도가 들어 있다. 인체에서 많은 양의 염소가 위에서 위산인 염산(HCl)의 형태로 들어 있다.

식물에서 염소는 광합성 과정에서 산소발생과 광인산화작용에 관여하며 식물의 요구량이 매우 작아서 결핍이 거의 안 되지만, 결핍 시에는 증산작용에 영향을 끼쳐서 잎 끝이 시들고 잎이 누렇게 변하기도 한다.

우리 몸에서 염소는 신경을 통해 자극을 전달시킬 때 영향을 주며 혈장과 위액의 구성성분이 된다. 또한 생물체 내에서 주로 음이온(Cl^-)으로 존재하며, 칼륨이나 나트륨 등과 함께 삼투압을 조절하는 등 생물의 물질대사에 반드시 필요한 무기물질이다.

② 결핍증 및 과잉증

결핍 시에는 구토, 설사 및 부신피질에 질환이 생기고, 과잉섭취 시에는 탈수, 고혈압, 위산과다, 위궤양 등의 질환이 생길 수 있다.

③ 급원식품

염소는 소금(NaCl)에 주로 함유되어 있다.

3) 미량 무기질

미량 무기질은 인체에 500mg(0.05%) 이하가 존재하고, 하루 필요량이 100mg 이하인 무기질을 말한다. 미량 무기질은 인체에 아주 작은 양이 존재하지만 생체조절기능은 다량 무기질 못지않게 중요한 역할을 한다.

(1) 철(Iron, Fe)

① 기능

철분의 70%는 적혈구 속에 존재하는데 체내에 산소를 공급해 주는 헤모글로빈의 구성 성분으로서 산소를 각 조직으로 운반하는 역할을 한다. 체내에 미량 존재하나 그 작용은 매우 중요하다.

신생아의 경우 철분을 많이 함유하고 태어나지만 5~6개월이 되면 거의 소모하게 된다.

철은 간, 살코기, 달걀노른자, 검정콩, 진한 녹색 채소에 많이 함유되어 있다. 한 번 체내로 흡수된 철은 극히 일부만 배설되고 재사용되므로 일일 필요량은 적다.

그러나 성장기 어린이와 청소년, 성인 여성, 특히 임신부는 필요량이 증가하므로 장기적으로 철 섭취가 부족하면 빈혈을 일으키기 쉽다. 빈혈이 생기면 안색이 창백하고 어지러우며 피로감으로 쇠약해져 집중력이 떨어지고 작업 및 학습 능력이 감소한다.

② 결핍증 및 과잉증

철분의 결핍은 성장기의 어린이, 사춘기, 생리혈의 손실이 있는 가임기 여성, 임신부, 수유부, 수술이나 사고로 인한 출혈환자 등에서도 흔히 발생한다. 철분 결핍으로 가장 흔한 증상은 철분 결핍성 빈혈이다.

임산부가 철분을 과다 섭취하였을 경우는 태아가 급성 철 중독으로 사망할 수 있다. 그리고 과다한 철분섭취는 간 손상, 심부전 등을 유발할 수 있다.

③ 급원식품

간, 육류, 어패류, 계란 등의 동물성 식품과 곡류나 곡류로 만든 가공식품, 콩, 녹색잎채소 등에 함유되어 있다. 그러나 우유는 철분함량이 낮으면서 칼슘이 많이 함유되어 있기 때문에 철분의 흡수를 억제하는 식품이다.

(2) 아연(Zinc, Zn)

① 기능

미량 원소에서 아연은 필수 무기질로서 인체에 소량 함유되어 있다.

아연은 세포 성장, 생식 기능 성숙, 면역 등 체내의 여러 가지 작용에 필수적인 미량 무기질로서 우리 몸에 약 1.5~2.5g 함유되어 있으며, 그 중 약 60%는 근육에, 나머지는 골격 등에 분포되어 있다.

주요기능에서 아연은 지방세포로 포도당이 유입되는 것을 조절하는 인슐린 작용에 영향을 미친다. 성장 호르몬, 성 호르몬, 갑상선호르몬, 프로락틴 등의 호르몬 활성과도 관련이 있다. 또한 아연은 면역 기능에 관여한다.

아연은 DNA, RNA 등 핵산합성에 관여하여 단백질 대사를 조절하며, 상처회복 및 성장을 돕고, 면역기능을 향상시킨다. 그리고 생식기관과 골격의 적절한 발달에 관여하며, 인슐린의 저장과 방출, 세포막의 기능과 안정성 유지에도 중요한 역할을 한다.

체내 아연 상태 측정은 혈액, 머리카락 검사 등을 사용한다. 가장 많이 이용되는 방법은 혈액 내 아연 측정이지만, 최근에는 머리카락 속 아연 측정이 비교적 쉬우며 정확한 편이어서 체내 아연의 지표로 많이 이용되고 있다.

② 결핍증

아연 결핍증을 유발하는 요인에는 성장기 어린이와 가임기 여성, 단백질 섭취부족, 악성빈혈, 피임약복용 등이 원인이 되며 결핍증상으로는 모발의 감소, 식욕감퇴, 설사, 성장 발달지연 상처치료지연, 면역기능 저하, 피부염 등의 증상이 나타난다.

③ 급원식품

해산물, 조개, 육류, 계란, 콩 등에 많이 함유되어 있으며 채소나 과일에는 함량이 적다.

(3) 구리(Copper, Cu)

① 기능

구리는 단백질 대사와 호르몬 합성에서 효소기능을 가지고 있으며, 몸속의 철을 헤모글로빈으로 만드는 과정 중에 필요하므로 구리가 결핍되면 적혈구의 합성이 어려워진다. 또한 구리는 많은 효소의 구성성분으로서 콜라겐과 엘라스틴 합성, 콜레스테롤 대사에 관여하여 정상적인 심장혈관계의 기능유지, 면역계의 적절한 기능유지, 포도당 대사와 에너지 생산, 신경세포벽의 인지질 형성 등의 기능이 있다. 구리는 성인의 체내에 약 70~150mg이 함유되어 있으며, 뇌, 심장, 신장, 간, 안구, 모발, 혈액, 근육 등에 농축되어 있다.

② 결핍증

구리 결핍증은 보통 사람에게는 매우 드물다. 그러나 저체중아로 태어나서 조제분유를 먹는 영아, 영양 불량의 미숙아 등에서는 구리 결핍증이 일어날 수 있다. 구리 섭취가 부족하면 철의 이용률이 감소되고, 적혈구 합성이 저하되어 빈혈이 생기며 뼈와 관절의 손상, 성장 장애, 백반증 등을 일으킬 수 있다.

③ 과잉증

구리를 장기간 다량으로 섭취하면 독성이 생길 수 있다. 대개 하루에 0.07mg/kg 이상 섭취하면 장관 내에 영향을 준다. 구리를 과잉 섭취하면 나타나는 증상에는 구토, 복통, 불쾌감, 설사, 간세포 손상, 혈관 질환 등이 있다.

④ 급원식품

구리의 주요 급원식품은 간을 비롯한 전곡, 견과류, 굴, 조개, 말린 과일, 코코아, 내장고기, 옥수수, 계란, 시금치, 코코아, 토마토, 감자 등에도 함유되어 있다.

(4) 요오드(Iodine, I)

① 기능

요오드(iodine, I2)는 갑상선 호르몬의 구성성분으로 티록신(thyroxine, T4)을 합성하는 데 필요하다. 또한 갑상선 호르몬은 mRNA와 단백질 합성을 촉진함으로써 중추신경계 발달에 중요하다.

요오드는 50~70%가 갑상선에 존재하고, 근육에 약 20%가 있으며, 나머지는 피부, 골격, 기타 내분비선에 들어있다.

요오드는 전 세계적으로 부족하기 쉬운 무기질로서 어른에서 부족하면 갑상선종(goiter)이 유발되며, 어린이에서 결핍되면 성장이 지연되고 인지기능이 손상되는 요오드결핍증(iodine deficiency disorder ; IDD)을 유발한다. 특히 임신기에 심한 요오드 결핍은 태아에서 크레틴병(cretinism)을 초래하는 것으로 알려져 있다.

② 결핍증

요오드가 부족하면 갑상선에서 호르몬의 생성이 지연되거나 저해를 받는다. 갑상선호르몬은 영양소의 대사촉진, 성장 및 발육촉진, 중추신경계 발달에 관여한다.

그리고 임신기간 중 요오드 섭취가 부족하면 태아의 두뇌발달을 저해하여 출산 후 정신박약, 성장지연, 운동기능 장애, 왜소증 등에 걸리는 크레틴병(cretinism)을 유발한다.

③ 과잉증

요오드 섭취가 과다하면 갑상선기능이 항진되어 신경과민, 허약, 빠른 심장박동, 안구돌출 등의 증상이 나타난다.

④ **급원식품**

요오드의 주요한 급원식품은 해조류와 해산물인 김, 미역, 다시마 등이며, 곡류와 채소류는 요오드가 풍부한 땅에서 재배된 것은 요오드 함량이 높다.

〈그림 4-4〉 안구돌출증–갑상선 기능 항진증(그레이브즈 질환)

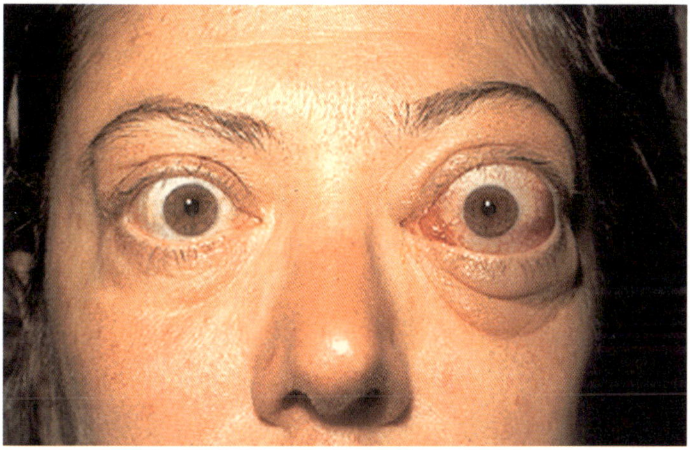

(5) 불소(Fluoride, F)

① **기능**

불소는 갑상선, 피부, 뼈, 치아에 들어있으며 대표적인 충치방지 효과가 있다.

체내 불소의 약 95%가 뼈와 치아에 존재한다. 불소는 음용수 중에 들어 있으며, 상수도를 제외하고 전국적으로 지하수에 함유되어 있는 불소는 각각 함량이 다르다.

불소는 식품 중의 마그네슘이 불소의 장내 흡수를 방해하고 골격과 치아에 축적되는 양을 감소시켜 이용률을 떨어뜨린다.

② 결핍증

불소의 결핍에 의한 대표적인 질병이 충치인데 음용수 중에 1ppm 정도가 녹아있는 것이 가장 적당한 것으로 보고하고 있다.

따라서 지하수를 식수로 이용하는 지역에서는 지하수 중의 불소함량에 따라 치아가 건강한 지역, 충치가 잘 발생하는 지역, 반상치가 잘 발생하는 지역이 각각 다를 수 있다.

③ 급원식품

불소의 주요 급원식품은 뼈째 먹는 생선, 해조류, 해산물, 불소첨가음료, 치약, 차 등이다. 권장섭취량은 설정되어 있지 않다.

(6) 셀레늄(Selenium, Se)

① 기능

셀레늄은 인체 내에서 주로 간, 신장, 심장, 비장에 분포되어 있는 미량 원소로 체내에서 생성된 과산화수소를 분해하여 세포의 손상을 방지하는 강력한 항산화제이다.

셀레늄의 중요한 기능은 글루타티온 퍼옥시다제(glutathione peroxidase)의 구성성분이 되어 세포를 산화적 손상으로부터 보호하는 기능을 한다. 그리고 비타민 E와 긴밀한 협동관계를 유지하며 서로 필요량을 절약해 준다.

셀레늄은 소장에서 흡수되며 체내에 약 1.5mg 정도 존재한다. 체내 분포는 간, 심장, 신장, 비장 등이며, 생체 이용률은 철, 아연, 구리 등의 무기질보다 높다.

② 결핍증

셀레늄이 부족한 경우는 토양 중의 셀레늄 함량이 부족하여 식품을 통한 셀레늄 섭취가 적어서 나타나는데, 셀레늄 결핍으로 발생하는 케샨병(keshan disease)은 중국의 일부지역에서 나타나는 풍토병으로 근육통증, 근육 약화, 심장병 등을 유발할 수 있다.

③ **급원식품**

셀레늄의 주요 급원식품은 동물의 내장과 해산물이며, 육류, 곡류, 생선, 계란, 우유 등에도 함유되어 있다.

(7) 망간(Manganese, Mn)

① **기능**

망간(manganese, Mn)은 중추신경계가 정상적으로 기능하는 데 중요한 역할을 하기 때문에 '정신 무기질'이라고 부른다.

망간은 탄수화물, 지질, 단백질 대사에 관여하는 효소들의 보조인자로 작용하며, 뼈의 발육을 촉진 한다. 또한 신경기능을 정상화시키며 유즙분비를 정상화 시킨다.

섭취한 망간은 3~5%만 흡수되고 나머지는 대변으로 배설되며, 주로 골격, 간, 신장, 췌장, 뇌하수체, 세포 등에 존재한다.

② **결핍증**

결핍증은 잘 나타나지 않는다.

③ **급원식품**

급원식품으로는 동물의 간 견과류, 쌀, 두류 등이 있다.

(8) 코발트(Cobalt, Co)

① 기능

코발트의 주요 기능은 조혈작용과 비타민 B_{12}의 성분이다. 비타민 B_{12}는 인체 내에서 합성될 수 없기 때문에 음식물로 섭취해야 하며 이때 코발트도 비타민 B_{12}의 성분으로 같이 섭취된다. 코발트 자체로는 식품 중에 육류나 우유, 곡류, 채소류 등에 많으나 반드시 비타민 B_{12}의 성분으로 섭취되어야 생리적으로 활성이 있다.

② 결핍증

식품을 통한 코발트의 섭취는 20~90%가 흡수되며, 자연계에 널리 분포되어 있어서 결핍증은 잘 나타나지 않지만 과잉 복용 시 갑상선종을 유발할 수 있고, 부족 시에는 악성빈혈을 유발한다.

③ 급원식품

급원식품으로는 동물의 간, 생선, 닭고기, 우유 등이 있다.

(9) 크롬(Chromium, Cr)

① 기능

크롬은 지방대사에 필수적이며, 인슐린의 보조인자(cofactor)로 작용하여 포도당 대사의 항상성 유지에도 필요하다. 즉 인슐린의 활성을 높여 포도당이 세포 내로 들어가는 것을 도와 혈당이 안정적으로 유지될 수 있게 한다.

크롬은 간에서 당내성인자(glucose tolerance factor)의 구성성분으로서 인슐린의 생리적 활성을 향상시키는 기능을 한다.

화합물의 작용에 의해 내당성을 가지게 되어 혈당을 조절하며 지질 대사를 도와 혈중 콜레스테롤과 중성지방 농도를 저하시킨다. 이에 크롬은 당뇨병과 고지혈증을 예방하며 혈압을 정상으로 유지하여 심장 질환을 예방한다.

② 결핍증

자연계에 널리 분포되어 있어서 결핍증은 잘 일어나지 않지만 결핍되면 인슐린 저항성 감소, 말초신경계 장애, 혈액 내 중성지질과 콜레스테롤 농도 증가 등이 나타난다.

③ 급원식품

주요 급원식품은 도정하지 않은 곡류, 돼지고기, 육류, 해산물, 효모 등이다.

(10) 몰리브덴(Molybdenum, Mo)

몰리브덴은 요산대사에 관여하며 간, 신장, 뼈, 피부 등에 존재하며, 효소의 구성성분으로 결핍증은 잘 발견되지 않고 있다.

급원식품으로는 두류, 곡류, 우유, 육류, 푸른잎 채소 등에 함유되어 있다.

4) 무기질과 피부미용

무기질은 인체의 약 4%를 차지하는 미량 물질이지만 생리기능을 조절하는 중요한 작용을 하는 물질이다. 극소량으로서 근육조직, 골격, 체액 등에 존재하며, 체조직 형성, 신경자극 전달, 체내 수분함량 조절, 호르몬과 효소 구성, 생리작용조절 등의 기능을 가지고 있어서 결핍되면 피부미용에도 영향을 미친다.

참고

*** 서로 상반되는 무기질의 종류**

- **마그네슘 - 칼슘**

  마그네슘은 칼슘과는 반대로 신경을 안정시켜 근육이완 작용을 하며 체내 ATP에 의존된 다양한 대사과정에 관여하는 효소의 보조인자로 작용한다.

- **나트륨 - 칼륨**

  나트륨은 주로 소금의 형태로 섭취하게 되나 단백질식품, 육류, 우유 등에도 나트륨이 많이 함유되어 있다. 그리고 가공식품에는 나트륨을 포함한 물질들이 많이 첨가되어 나트륨 함량이 높으며 화학조미료로 사용되는 MSG도 나트륨 성분을 갖는다. 반면 채소나 과일에 많고 육류나 치즈 등에는 적은 편이다.
  칼륨은 나트륨과는 반대로 고혈압을 방지하는 효과가 있으므로 고혈압 환자는 특히 많이 섭취하도록 한다.

3. 물

1) 물의 정의

물은 우리의 생명을 유지하는 데 매우 중요한 역할을 하며 인체 대사 과정에 중요한 물질로서 신체성분의 50~70%를 차지하고 있다. 때문에 매일 2L의 물 또는 수분을 함유한 식품 (과일, 채소) 등을 섭취해야 한다. 물은 체내의 20%를 상실하면 생명을 유지할 수 없을 정도로 우리 몸에서 매우 중요하다.

또한 수분은 체내 영양소와 노폐물을 운반하며 인체의 체온유지에도 관여한다.

2) 물의 기능

(1) 물은 체조직과 체액 구성의 중요한 역할을 한다.

물은 체조직과 체액을 구성하는 성분으로서 혈액의 약 90%, 근육은 약 70%, 골격에 25%, 지방은 약 20%, 치아조직에는 약 10%를 구성하고 있다.

(2) 영양소와 노폐물을 운반한다.

물은 영양소를 각 조직으로 운반하고 노폐물을 세포로부터 걸러내어 배설하는 역할을 한다. 수분은 혈액과 림프액과 같은 체액의 중요한 구성 물질이 되며, 이들 체액을 통해 공급된 여러 가지 영양소는 각 세포 및 조직에 운반된다.

(3) 체온조절을 한다.

체온을 일정하게 유지하기 위해서는 수분이 중요한 작용을 한다. 심한 운동이나 노동으로 인하여 몸의 온도가 올라가면 체온이 높아지게 되는데, 이때 피부에 있는 혈관이 확장(혈액순환 증가)되고, 땀샘을 자극하여 땀 분비를 증가시킴으로써 피부를 통해 열을 발산하므로 급격한 체온상승을 막아 일정온도로 유지하려는 작용이 일어난다.

또한 체온은 몸 속 음식물의 산화에 의하여 상승하며 여러 경로를 통해 소변과 대변으로 배설, 폐로부터의 증발 등으로 체온을 일정하게 유지시켜준다. 피부와 폐를 통하여 잃게 되는 수분량은 하루 1,000㎖ 정도로서 약 600kcal의 체열을 방사하는데 쓰인다.

(4) 윤활제(Lubricant)의 역할을 한다.

타액은 음식물을 혼합하여 주고 음식물을 미끄럽게 하여 잘 삼킬 수 있게 한다. 또 인체는 많은 수분을 함유하고 있어 내장기관을 외부의 충격으로부터 보호하는 역할을 하며, 골격 주위에 있는 관절활액은 관절을 매끄럽게 하여 준다. 또한 안구의 수분은 안구운동을 용이하게 해준다.

(5) 용매로 작용한다.

수분은 여러 가지 용매로서 영양소를 용해시켜 흡수를 용이하게 도와준다. 체내에서 일어나는 화학작용은 수분을 필요로 하는 것이 많으며, 수용성 영양소의 소화·흡수를 촉진시킨다.

(6) 전해질 균형(Electrolyte balance)을 유지해준다.

수분과 전해질은 적당량 섭취하며 인간은 매일 세포 내외액에 존재하는 칼륨, 나트륨, 전해질을 섭취하여 체액의 pH와 삼투압을 유지한다. 따라서 건강한 사람은 섭취량과 배설량이 과부족이 없이 균형을 이루므로 체액의 부피 및 성분에 변화없이 항상성을 유지한다. 수분의 섭취와 배설에 의하여 체내의 수분량이 조절되어 평형이 유지되기 위해서는 배설을 조절하는 신장이 주요 역할을 하며, 갈증에 의하여 수분의 섭취가 조절되기도 한다. 수분섭취는 시상하부에 있다고 생각되는 수분섭취 중추에 의해 조절된다.

3) 피부와 물의 관계

수분은 건강하고 매끄럽고, 탄력있는 아름다운 피부유지에 중요한 역할을 한다.

피부표피층의 각질층은 10~20%의 수분을 보유하고 있다. 만약 수분이 10% 미만이 될 시에는 피부가 건조해지고 윤기와 탄력을 잃게 되므로 잔주름이 생기며 각질이 두꺼워지는 증상이 나타나게 된다. 따라서 피부관리의 최고의 목적은 피부에 일정량의 수분을 공급해주고, 수분증발을 막아주는 것이 중요하다.

수분이 부족하면 세포의 신진대사 기능을 저하시킨다. 사람이 물을 마시지 않으면 노폐물이 축적되어 노화를 촉진시킨다. 세포는 16~18시간마다 세포 분열작용을 하므로 물이 부족하게 되면 정신착란까지 일으킬 수 있다.

물은 혈액순환을 원활하게 해주고 노폐물이 축적을 방지하여 주고 모세혈관의 작용도 촉진시킨다. 또한 체온과 체액을 조절하며 산과 알칼리의 평행을 갖게 하며 포도당의 생성도 촉진시킨다.

성인은 하루에 호흡, 땀, 소변 및 대변을 통하여 약 2.5L의 물을 배출하게 되므로 건강하고 아름다운 피부를 유지하기 위해서는 다양한 영양소가 요구되지만 신선한 채소와 과일이나 제철음식을 많이 섭취하고 계절에 따라서 피부관리를 철저하게 해야 할 것이다.

〈그림 4-5〉 체내수분의 구성

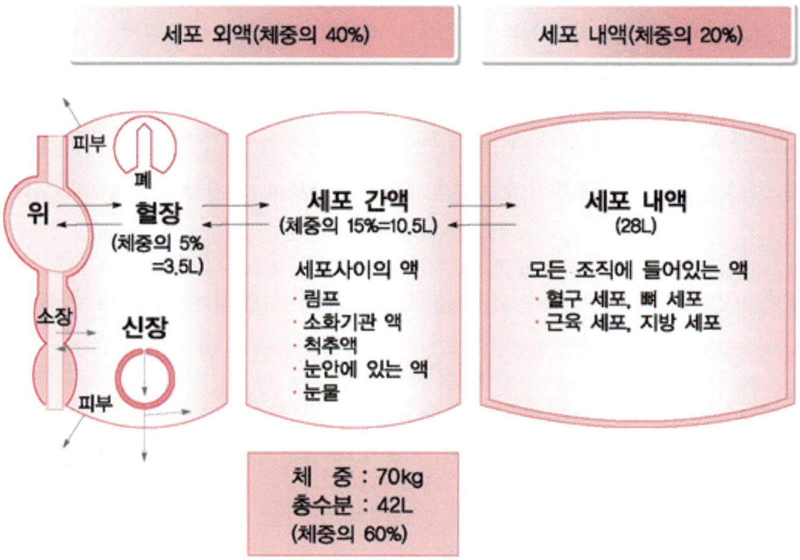

〈표 4-2〉 각종 식품의 함수율 (%)

식품	수분	식품	수분	식품	수분
오이	95.5	딸기	89.1	아이스크림	65.5
호박	95.0	우유	88.5	흰밥	65.0
양배추	94.3	귤	87.0	고구마	64.6
상추	94.1	사과	86.8	소갈비	47.2
숙주	94.1	감	82.6	치즈	35.3
수박	94.0	포도	81.5	식빵	26.1
시금치	93.7	감자	81.2	밀가루	14.5
가지	93.3	바나나	75.5	백미	14.1
토마토	90.5	조기	81.7	당면	13.2
무	90.3	동태	81.0	라면	2.6
콩나물	90.2	갈치	74.0		
양파	89.1	달걀	74.0		
당근	88.7	닭고기	73.5		
참외	89.8	돼지고기	69.3		
복숭아	89.4	꽁치	66.9		
		소고기	62.5		

Beauty and Health

미용과 건강

CHAPTER

05

피부와 영양

1. 피부 영양이란

인체의 모든 기관의 조직세포가 그러하듯이 기본 단위인 세포가 생명력을 유지하고 기능을 발휘하기 위해서는 계속적인 신진대사가 일어나고 영양 성분이 공급되어야 한다. 이와 같이 피부조직 세포들도 차이는 있으나 영양분을 소모하면서 본래의 생리적 기능을 하고 있는 것이다. 피부는 표피, 진피, 피하 지방의 세 층으로 구성되어 있고, 이 중 가장 외층인 표피는 다시 기저층, 과립층, 각질층의 여러 층으로 나뉘어져 있다. 표피의 가장 하층인 기저층에서 생성된 세포들은 각화과정과 함께 상부로 이동하여 각질층을 형성한다. 피부의 진피층 세포는 모세혈관을 통해 공급 받는 각종 영양성분으로 활발하게 생리 작용을 하고 있으며 같은 방법으로 표피층 기저세포에도 영양이 지속적으로 공급되고 있다.

표피층의 상부로 갈수록 핵이 소멸된 상태인 각질은 영양의 요구량이 적거나 없어져서 결국에는 각질층을 이루어 외부 물질이나 자극을 방어하는 일을 하고 있다. 표피 기저층에서 만들어진 각질형성세포가 핵이 소멸되고 완전히 각질화되는 데는 약 2주일이 필요하고, 초기에 핵이 존재할 때까지는 약간의 영양을 공급 받게 되지만 각질화 되어 탈락될 때까지 걸리는 약 2주일 동안은 전혀 영양 공급을 받지 못한다.

즉, 표피상면의 각질화된 세포들은 영양의 요구도 없고 물질의 흡수도 잘 되지 않기 때문에 피부가 생체에 물질 침투 방어막 즉, 배리어 역할이 가능한 것이다. 또한 피부에 필요한 영양 성분뿐 아니라 피부의 건강한 생리를 오래 유지하게 할 수 있도록 하는 항노화 물질(항산화 물질), 보습제, 색소생성 억제 물질(미백제), 진피세포의 활성화 물질 등을 직접 필요한 부위에 공급한다.

2. 피부 영양의 조건

피부는 우리 몸의 중요한 일종의 기관이므로 인체의 건강과 직결되어 있다. 따라서 영양의 부실로 인해 건강을 잃게 되면 피부도 본래의 기능을 상실하고 아름다운 탄력 등은 물론이고 저항력도 상실하여 노화 상태로 가게 된다. 정상적인 피부를 유지하기 위해서는 정상적인 건강을 유지하도록 기본적인 충분한 영양분의 섭취가 당연히 필요한 일이다.

따라서 이에 필요한 조건으로는 첫째, 하루에 성인의 경우 2,000cal 정도의 열량에 해당되는 음식물을 섭취해야 한다. 최근 젊은 여성들은 비만을 우려하거나 몸매관리를 위하여 저칼로리 식품이나 기본 열량을 무시한 절식, 소식을 하여 건강을 잃게 되는 경우가 많다. 이는 오히려 건강과 미용의 모든 면에서 해가 되는 경우가 많으므로 체중과 운동량을 감안하여 최소한의 열량 섭취는 기초적인 필요조건이다.

둘째, 단백질, 지방, 당분의 균형이 맞는 식사를 하여야 한다. 음식의 편식이나 맛 위주의 식사로 그 균형이 맞지 않는 식사를 계속하게 되면 피부에 좋지 않다.

셋째, 비타민과 미네랄의 충분한 섭취를 위하여 채소와 과일을 많이 먹거나, 약제로서 판매되는 미네랄, 비타민제 등을 복용하는 것이 좋다.

3. 미용 식품

근래 식품 산업계에서 기능성 식품을 활발하게 소개하며 식품의 생리적인 특효를 주장하고 있는 것이 많다. 그 중에서는 약리학적으로 효능이 인정되는 것도 적지 않으며, 미용 효과 식품이라 소개하는 것도 가끔 볼 수 있다. 예를 들면 비타민 C의 함량이 높은 귤 종류나 항산화 물질이 함유된 차 종류를 권장하고 있다. 이는 근거가 없는 것은 아니지만 기초적으로 미용식이란 다음과 같은 것이다.

첫째, 미용 식품이란 우유와 같이 여러 가지 영양 성분이 골고루 함유된 식품을 말한다. 그렇지만 일상생활에서 미용에 좋은 한 가지 식품만을 섭취하는 것은 불가능한 일이다. 따라서 여러 가지의 식품을 골고루 섭취해야 하며, 어떤 식품이든 편식하는 것은 미용식에 역행하는 일이라 하겠다.

둘째, 단백질은 우리 신체의 구성 성분 중에서 가장 중요한 성분이며, 또한 피부의 주성분이므로 미용 식품에서 부족하면 안 되는 가장 중요한 성분이다. 따라서 하루에 단백질을 60~100g을 섭취하는 것이 좋고 단백가가 높은 동물성 단백질 섭취량의 60~70% 되게 하면 적당하다고 할 수 있다.

셋째, 소화되면 당분이 되는 전분질 식품이나 설탕 함량이 큰 식품은 열량 보충에는 좋으나 소모되고 남은 당분은 피하지방 조성의 원료가 된다. 그러므로 지방이 증가하여 비만의 원인이 되며 피부 저항력도 악화되기 쉬워진다. 따라서 당분이 많은 식품은 피하는 것이 좋다.

넷째, 칼슘부족은 중년 이후에 오는 신경계의 불안정 과민증, 골다공증 등의 원인이 되기 쉽고 피부도 저항력이 약해져서 트러블을 잘 일으키게 되므로 칼슘을 많이 섭취하는 것은 피부 미용에서 중요한 일이다.

다섯째, 미용 식품으로 알칼리성 식품이 권장된다. 알칼리성 식품이란 식품을 연소시켜 발생하는 연소가스 또는 회분을 모두 물에 용해했을 때 그 용액이 알칼리성을 띄는 것을 말한다. 칼륨, 칼슘 등이 많은 과일 채소류의 회분은 알칼리가 강하고 유황, 질소 등이 많은 육류와 생선 등은 연소가스의 수용액에 아황산, 아질산 등이 많아서 산성을 띄므로 산성식품인 것이다. 혈액의 pH는 7.4~7.5로 중성에 가까운 약알칼리성으로 섭취하는 식품에 따라서 변동이 쉽게 되는 것은 아니지만 계속적인 편식은 체액의 pH에 영향을 미쳐 피부기능 유지뿐 아니라 모든 인체의 기능이 약화될 수 있는 것이다.

인간의 식성은 타 포유류에 비하여 잡식성이기 때문에 자연히 산성 식품과 알칼리성 식품을 같이 섭취하게 된다. 최근에는 육류의 소비가 많아진 탓으로 체액의 산성화를 우려하여 알칼리성 식품을 많이 권장하고 있다.

참고로 다음은 산성식품과 알칼리성 식품의 예를 표시한 것이다.

〈표 5-1〉 알칼리성 식품과 산성 식품류

약 알칼리성 식품	양배추, 호박, 감자, 우엉, 완두, 버섯, 아스파라거스, 죽순, 도라지, 고사리, 당근, 단무지, 두부, 사과, 배, 바나나, 복숭아, 앵두, 파인애플, 감
강 알칼리성 식품	우유, 토마토, 오이, 셀러리, 당근, 무, 배추, 시금치, 부추, 감귤, 포도, 토란, 무화과, 미역, 김(해조류 등)
약 산성 식품	버터, 생선류(장어, 잉어 등 민물생선), 새우, 바다조개류, 완두, 마카로니, 달걀, 파, 초콜릿
강 산성 식품	쇠고기, 돼지고기, 치즈, 소세지, 생선류(돔, 연어 등 바다생선), 쌀, 보리, 면류, 술, 당분(설탕), 과자류(비스켓 등)

쌀밥을 주식으로 하는 동양계 사람의 경우 고기를 많이 섭취하는 것보다 알칼리성이 다소 강한 채소나 과일을 많이 먹는 것이 피부에도 좋다고 한다.

4. 색감으로 먹는 컬러푸드

최근 식품이 가지고 있는 색소의 효능이 알려지면서 컬러 푸드가 주목을 받고 있다. 건강한 삶을 유지하기 위해 건강에 대한 관심이 높아지고 있는 요즘 컬러 푸드 테라피에 대한 인식도 변화하고 있다.

우리 고유의 음식에서도 컬러 테라피의 흔적을 찾을 수 있는데 비빔밥, 떡국 등에 올려놓은 오색고명과 다양한 색깔을 자랑하는 구절판이 컬러푸드로서 선조들은 이미 컬러의 효능을 인지하고 있었던 것이다. 또한 조상들은 '오방색(五方色)'을 활용해 컬러 테라피를 완성했다. 검정, 하양, 빨강, 파랑, 주황 등 다섯 가지 색으로 구성된 오방색, 오행에 근간을 둔 이들 색채는 우리 인체를 구성하고 있는 장기들과 밀접한 연관이 있다. 의학이 발달하지 못했던 과거, 우리의 선조들은 오방색을 통해 건강과 마음을 나타냈다.

UCLA 의대의 데이빗 히버(David Hever)교수는 가시광선을 흡수해서 만들어진 식물의 색깔을 식물성 생리 활성영양소(Phytonutrient)라고 명명하고, 이들 물질이 인체의 DNA를 손상시키는 활성산소의 전자를 흡수해 산소 손상으로부터 인체를 보호한다는 사실을 밝혔다. 식물의 서로 다른 색깔은 각각 인체에 서로 다른 영향을 끼치기 때문에 다채로운 무지개 색의 식물의 섭취하는 것이 세포 안의 유전자를 보호하고 최적화시킨다고 했다.

많은 음식들은 자신이 지닌 색깔마다 각 특징을 갖고 상호 작용을 하고 있는데, 빨강, 노랑, 초록, 보라, 검정, 흰색 등의 색깔은 식품의 파이토케미컬(phytochemical)이라는 성분에 의한 것이다. 이 성분에 의해 식재료의 색과 영양소가 달라지게 된다.

1) 파이토케미칼이란?

파이토케미칼은 식물을 뜻하는 영어 파이토(phyto)와 화학을 뜻하는 케미칼(chemical)의 합성어이다. 식물의 뿌리나 잎에서 만들어지는 모든 물질을 통틀어 일컫는 개념으로, 식물 자체에서는 자신과 경쟁하는 식물의 생장을 방해하거나, 각종 미생물, 해충 등으로부터 자신의 몸을 보호하는 역할 등을 한다. 인체 내에서는 항산화물질이나 세포 손상 억제, 면역기능, 노화방지, 스트레스 완화 등의 작용을 통해 건강을 유지시켜 주기도 한다. 파이토케미칼은 채소나 과일의 화려하고 짙은 색깔 속에 들어 있다.

〈표 5-2〉 주요 파이토케미칼

색상	영양소	주요식품	건강 도움
빨강 (Red)	리코펜, 엘라그산 (엘라기타닌 : ellagitannin)	딸기, 토마토, 석류, 수박, 사과 등	항산화, 면역력, 혈관 건강, 항바이러스, 일부 암세포 억제 등
노랑 (Yellow/Orange)	제아잔틴, 루테인, 베타카로틴, 알파카로틴, 케르세틴 등	옥수수, 당근, 호박, 파인애플, 오렌지 등	눈/피부/성장기 건강, 실험관, 면역력 등
녹색(Green)	아이고플라본, 제아잔틴, 루테인, 베타카로틴, 이고티오시아네이트	시금치, 상추, 완두콩, 피망, 대두, 녹차, 케일, 브로콜리 등	눈/뼈/세포 건강, 일부 항암, 여성건강 등
보라(Purple)	안토시아닌, 레스베라트롤	포도, 블루베리, 오디, 자색고구마, 적색양배추, 무화과 등	콜레스테롤, 심장, 뼈 건강, 노화 지연, 일부 암세포 증식 억제 등
백색 (White)	알리신, 케트세틴	마늘, 양파, 버섯, 고추냉이, 배, 순무 등	면역력증대, 혈액순환, 뼈건강 등

2) 컬러 푸드

컬러푸드(color food)는 조화로운 식생활과 건강한 삶을 유지하는데 큰 도움을 주는 건강식품이다. 컬러푸드라는 개념은 미국의 영양학자들에 의해 조명되기 시작했다. 1990년대 초반 미국의 캘리포니아 주에서 하루 다섯 가지 색의 야채와 과일을 섭취하자는 '5A Day 운동이' 알려지면서 국내에서도 컬러푸드가 등장하게 되었다. 말 그대로 "과일도 편식하지 말고 다양한 색깔을 조금씩 매일 챙겨 먹자"는 의미이지만 국내에서는 다이어트 열풍으로 색깔이 있는 음식을 먹으면서 다이어트를 하는 것에 보다 의미를 부여한다.

컬러 푸드 다이어트는 다른 다이어트와 다르게 가지각색의 음식을 먹어 영양분을 골고루 섭취하여 당분이나 지방의 섭취를 줄일 수 있고 즐겁게 살을 뺄 수 있는 다이어트이다. 곡물과 채소, 과일을 레드, 옐로, 그린, 블랙, 화이트 등으로 나누어 하루에 3가지 이상의 색의 음식을 섞어 먹어 비만을 예방한다. 찌기, 삶기, 굽기 등 기름을 사용하지 않고 조리해주면 되는데 따뜻한 음식과 찬 음식, 딱딱한 음식과 부드러운 음식을 골고루 섞어 먹는게 중요하다. 이렇게 다양한 온도와 질감의 음식을 섭취하게 되면 소장을 자극해 변비를 줄일 수 있고 소화기능을 높일 수 있다. 컬러푸드가 몸에 좋은 이유는 컬러푸드 안에는 파이토케미칼이란 성분이 들어 있기 때문이다. 파이토케미칼은 식물에 들어있는 화학성분으로 우리 몸에 들어가게 되면 항산화, 세포 손상 억제 등의 작용을 통해 우리 몸이 건강할 수 있도록 도와준다.

① 레드푸드

강렬한 색상으로 식욕을 자극하는 붉은 색은 리코펜과 안토시아닌을 함유하고 있으며 활력을 북돋우고 피로를 해소한다. 또한 남성의 성기능, 항암작용, 노화방지, 치매예방과 같은 효과를 갖고 있으며 위를 튼튼하게 하고 시력강화에도 좋으며 심장을 튼튼하게 하며 몸을 따뜻하게 해주어 혈액순환에도 도움이 된다. 또한 유해 산소와 독소를 제거하는 역할을 통해 면역력 강화와 혈관을 튼튼하게 만들고, 비타민 E의 두 배 정도 높은 항산화 효과가 있다. 빨간색 채소, 과일에는 피를 맑게 하고 식욕을 돋우는 작용을 하며, 심장의 기운을 돋는 성분이 다량 함유되어 있어 심장병, 고혈압, 동맥경화에도 탁월한 효과가 있다. 또한 안토시안은 암이나 동맥경화 예방에 효과적이고, 토코페롤이 함유되어 노화방지 효과가 탁월하다. 레드푸드의 대표적인 것으로 토마토, 딸기, 자두, 사과, 오미지, 붉은 고추, 딸기, 체리, 석류 등이 있다.

특히 토마토에는 비타민 A, B_1, B_2, C 등이 골고루 들어 있으며 타임지가 선정한 21세기 장수 푸드이기도 하다. 붉은 고추 역시 레드 푸드로 각광받는 식품으로 고추의 매운 맛의 캡사

이신은 체지방을 줄여 여성의 다이어트에도 도움을 준다. 고추의 붉은 색은 카로티노이드계 색소 종이 어우러져 나타나는 것으로, 여기에는 비타민 A의 전구체가 다량 함유돼 있다.

레드푸드는 아침에 먹는 것이 좋다고 한다. 과일의 비타민 B군과 C군이 간에서 활성화 되는 데는 최소 4~5시간이 걸리기 때문에 이러한 비타민 효과를 제대로 보기 위해서는 아침에 붉은색 과일을 먹어 주어야 그 효과가 나른한 오후에 빛을 발해 활력소를 줄 수 있다고 한다. 식전에 먹는 레드푸드는 위와 장의 운동을 촉진하는 펙틴 효과도 기대할 수 있다. 그래서 텁텁한 입을 개운하게 해 줄 사과 반쪽이나 아침에 일어난 즉시 공복에 먹는 토마토는 혈압을 낮추는 데도 상당한 도움이 된다.

② 옐로 푸드

옐로 푸드는 루테인, 카로티노이드, 베타카로틴이 주요성분이다.

시각적으로 상큼한 느낌을 주는 노란색과 적황색은 체내에 들어가면 비타민 A로 바뀌는 카로티노이드계 색소가 들어있는데, 카로티노이드는 세포가 노화되고 질병이 확대되는 것을 막아준다. 산화 방지와 항암 효과가 뛰어나 폐암을 가장 잘 예방하는 식품이기도 하다. 노란색은 에너지를 상징하는 색으로서 운동신경을 활성화시켜주며 특히 근육에 사용되는 에너지를 만드는 데 효과가 있어 관절염 치료제에도 주로 노란색을 사용한다. 또한 옐로 푸드는 달콤한 맛이 있어서 식욕도 촉진시켜 준다.

또한 옐로 푸드는 모세혈관의 벽을 보강하고 혈액순환 개선에 도움을 준다. 베타카로틴은 생으로 먹을 경우 흡수율이 8%에 불과하지만, 기름에 조리하면 60~70%로 높아지기 때문에 기름에 볶아서 섭취하는 것이 좋다. 바나나의 클로로겐산은 활상산소를 제거해 노화를 방지하고, 체내의 발암성 물질 생성을 억제시키는 효과가 있고, 타닌성분은 설사나 변비 예방에도 효과적이다. 카레의 커큐민은 항암 효과가 있는 성분으로 뇌졸중, 치매에 도움을 주며 암세포를 죽인다. 옥수수의 루테인은 주황색 푸드의 제아잔틴과 함께 백내장 등 노화로 인한 시력 저하와 눈의 조직에 영향을 준다. 또 강한 항산화 작용으로 암 예방, 간기능 향상에 효과적이다.

카로틴 성분이 풍부하고 당근은 간에 영양을 공급해 시력 보호를 도와준다. 뿐만 아니라 발육 촉진, 피부보호, 항암작용 등을 한다. 산후 회복에 많이 쓰이는 늙은 호박은 칼륨이 많아 이뇨 작용을 돕고 비타민C와 B2도 풍부하며, 식이섬유를 많이 함유하고 있어 장운동을 활성화시킨다.

대표적인 옐로 푸드는 카레, 바나나, 옥수수, 호박, 고구마, 레몬, 유자, 골드키위, 국화꽃 , 꿀, 레몬, 늙은 호박, 당근, 된장, 밤, 생강, 잣 등이 있다.

③ 그린 푸드

그린 푸드는 시각적인 안정을 주고 신경과 근육의 긴장까지 완화시켜주므로 성격이 급하거나, 스트레스를 많이 받는 사람들이 많이 섭취하면 좋다. 신선한 과일과 야채에 함유되어 있는 풍부한 엽록소는 피로를 풀어주고, 신체의 면역력을 높여 세포재생을 돕기 때문에 노화 예방에도 효과가 있다.

초록색 채소에 들어 있는 클로로필 성분이 조혈작용과 세포 재생 능력이 뛰어나 빈혈 예방에 좋으며, 병원균 발생을 억제하고 자연 치유력을 높여준다. 간세포 재생, 콜레스테롤 조절, 암 예방, 혈관과 위장을 깨끗하게 하는 탁월한 효능이 있다.

특히, 체내의 중금속 같은 유해물질을 흡착해서 체외로 배출해 디톡스 효과가 있다. 항우울제는 초록색을 사용하는데, 약물 자체가 가진 효과 외에도 색깔이 환자의 감정 균형을 조절해주어 마음을 안정시키는 데 도움이 되기 때문이다.

채소의 초록색은 엽록소 성분 때문인데 엽록소는 상처를 치료하고 세포를 재생시키며, 콜레스테롤 수치를 내려줘 혈압을 낮추는 역할을 하는 것으로 알려져 있다. 때문에 고혈압, 동맥경화 등 성인병을 예방하는 데 효과가 있고, 항산화 기능으로 노화를 방지하는 역할도 한다.

시금치에는 칼슘, 철분 등의 무기질이 풍부하고, 봄에 많이 나오는 쑥 같은 경우는 특히 세균에 대한 저항력을 길러주는 비타민 A가 상당히 많이 함유되어 있는 것으로도 유명하다. 또한 쑥에 들어있는 칼슘과 철분은 체질이 산성화되는 것을 막아줘 10대 장수 식품 중 하나로 일컬어지며 브로콜리 역시 비타민 C와 비타민 E가 풍부해 노화방지와 피부미용에 좋다.

그린 푸드의 대표적인 것으로는 각종 초록 야채, 키위, 녹차, 시금치, 브로콜리,샐러리, 키위, 오이, 매실, 신선초 등이 있다.

④ 블랙 푸드

검은색에는 우리 몸에 유익한 안토시아닌 성분이 다량 함유되어 있다고 한다. 안토시아닌은 암을 비롯한 여러 성인병에 효능이 있으며 노화를 방지하는 등 강력하고 지속적인 항산화 작용을 한다. 또한 심장질환과 뇌졸증을 예방하는 것으로 널리 알려져 있다. 검은콩에는 식물성 여성호르몬으로 알려진 이소플라본이 다량 들어 있다. 인체 내에서 에스트로겐과 비슷한 작용을 하기 때문에 골다공증 등 여성의 갱년기 증상을 개선하는 데 효과가 있다.

대표적인 식품으로는 검은콩, 건포도, 흑임자, 흑미, 오징어먹물, 목이버섯, 오골계, 김, 미역, 다시마, 메밀 등이 있다. 검은콩은 우리 몸의 수분대사를 관장하는 신장과 관련되어 있어, 소변이 잘 나오지 않고 몸이 잘 붓거나 식은땀을 흘리는 사람들에게 특히 좋다. 몸이 냉해서 혈액순환이 되지 않을 때도 좋은 효과를 볼 수 있다. 향긋한 풍미와 씹는 맛이 일품인 흑미에는 단백질, 지방, 비타민 B_1, B_2, 무기질, 아미노산 등이 풍부하다. 흑미를 자주 먹게 되면 시력이 떨어지지 않으며, 특히 빈혈 예방에 탁월한 효능을 보인다. 또한 성장기 아이들의 골격 형성을 도와주는 각종 미네랄이 풍부하기 때문에 흑미로 이유식을 만들어 먹이면 좋다. 흑임자에 함유되어 있는 단백질은 머리카락의 주성분인 케라틴의 원료로 흑임자를 자주 먹으면 머리카락에 윤기가 흐르고 탈모도 예방할 수 있다. 또한 흑임자의 레시틴 성분은 두뇌 회전을 도와 특히 머리를 많이 쓰는 사람에게 좋다고 한다.

⑤ 화이트 푸드

흰색을 내는 색소에 들어 있는 안토크산틴, 플라보노이드 성분은 신체의 산화 방지를 도와 인체에 유해한 물질을 배출하고, 각종 바이러스에 대한 저항력을 길러준다.

대부분 햇빛을 받지 못해 광합성 작용이 이루어지지 않는 뿌리 채소들로 흙속에 묻혀있는 대부분은 하얗고 독특한 향과 매운맛을 가지고 있는 것이 많다.

안토크산틴이 함유되어 있는 과일과 채소는 따뜻한 성질을 가지고 있어 체내 유해 물질의 배출을 돕고 바이러스에 대한 저항력을 길러주기 때문에 감기나 각종 호흡기질환에 효과적이다. 마늘과 양파에 다량 함유되어 있는 알리신은 강력한 항암 작용을 하며, 혈중 콜레스테롤 수치를 내려주어 고혈압과 동맥경화를 예방한다.

화이트푸드의 대표적인 것으로는 양파, 무, 마늘, 감자, 버섯, 양배추, 콩나물, 생강, 배, 도라지 등이 있다.

이소플라본은 여성의 갱년기 증상을 완화시켜 주며, 콜레스테롤을 낮추고 심장병을 예방하는 효과가 탁월하다.

또한 양배추에 많이 들어있는 비타민 U는 항궤양 성분으로서 위염, 위궤양 환자들의 치료식으로도 사용되고 있다. 마늘과 양파 등의 백색채소에는 알리신이 많이 함유되어 있어 혈중 콜레스테롤 수치를 내려주고, 고혈압과 동맥경화 예방에 큰 도움을 주는 것으로 유명하다. 무우에는 비타민 C가 많이 함유되어 있다.

⑥ 퍼플 푸드

폴리페놀 플라보노이드의 일종인 안토시아닌은 보라색 계통의 색소 성분으로 항산화 작용이 뛰어나다. 이 성분은 심장 질환과 뇌졸중 위험 감소,혈전 형성을 억제하고 혈액순환 개선에 도움을 준다. 또, 암세포 증식을 억제하는 폴리페놀 성분과 바이러스나 세균을 죽이는 화합물이 다량 함유되어 있다. 다른 컬러들과 달리 식욕을 감소시키는 효과가 있어 다이어트에 효과적이다.

퍼플 푸드의 플라보노이드는 혈관을 건강하게 만들며, 항암효과가 있다. 지방질을 잘 흡수하고 혈관 속의 노폐물을 용해 배설시켜 피를 맑게 해준다. 보라색 식품에 들어 있는 안토시아닌계 색소에는 또한 바이러스와 세균을 죽이는 화합물이 다량 함유되어 있으며, 암을 억제

해주는 폴리페놀 성분도 많다. 대표적인 식품으로는 가지, 포도, 적양배추, 블루베리, 보라색 감자 등이 있다. 가지에는 스코폴레틴과 스코파론이라는 물질이 함유되어 있는데, 이는 경련을 억제하는 기능이 있어 신경통 치료제로도 사용되고 있다. 포도껍질 속의 플로보노이드는 동물성 지방섭취로 증가한 노폐물이 혈관벽에 흡착되는 것을 막아 심장병을 예방해주며, 항암작용도 한다.

(1) 컬러 푸드 다이어트 방법

앞에서도 말했듯이 컬러 푸드는 3가지 이상 섞어서 먹는 것이 좋다. 예를 들어 블루 푸드와 블랙 푸드, 그린 푸드를 섞어서 먹는 것을 말한다. 그리고 따뜻한 음식과 찬 음식, 딱딱한 음식과 부드러운 음식 등을 골고루 섞어서 먹어야 한다.

〈표 5-3〉 컬러 푸드 식단

	아침	점심	저녁
제1일	(화이트+그린+레드+옐로) 멸치우엉주먹밥 $\frac{2}{3}$ 공기 감자국 1대접 치자단무지 검은콩 두유1잔	(레드+퍼플+옐로+화이트) 아스파라거스 롤가스 150g 과일 샐러드 1접시 마늘장아찌 녹차 1잔	(그린+화이트+레드) 현미밥 $\frac{2}{3}$ 공기 버섯들깨찌개 1대접 양념도미찜 1토막 도토리묵&새싹무침 1접시 백김치 오미자차 1잔
제2일	(그린+화이트+옐로) 토마토 샌드위치 1쪽 익힌 브로콜리 1접시 우유 1잔	(화이트+레드+옐로+그린+오렌지) 야채카레밥 $\frac{2}{3}$ 공기 일본 된장국 1대접 닭가슴살 과일꼬치 1접시 오이피클 허브티 1잔	(옐로+퍼플+레드+화이트) 영양밥 $\frac{2}{3}$ 공기 쇠고기미역국 1대접 단호박&가지찜 1접시 나박김치 매실차 1잔

5. 성인병과 음식

'성인병'이란?

일명 '생활습관병'이라 불리기도 하는 이 병은, 말 그대로 삶을 살아가면서 생활환경에 의해 발생되는 질병이라 할 수 있다.

사람은 살아 있는 동안 질병에 시달리지 않는 삶을 살고 싶은 마음들을 가지고 있다. 하지만, 과학기술의 발전으로 인해서 많은 부분이 자동화가 되었으며, 기계가 사람이 해야 하는 일을 대신 해주는 양상을 보이기 시작하면서 사람들의 운동 부족과 생활 식습관이 변화하기 시작했다. 이로 인해서, 지금 설명하고자 하는 '성인병'이라는 질병에 노출되기 시작했다.

성인병은 발병 시 의학의 의존도에 비해 완치의 확률이 낮다. 따라서 식습관과 생활 방식으로 예방을 하는 것이 최우선이라고 할 수 있다. 첫째로는 식습관에 의한 예방이고, 둘째로는 운동방법에 의한 예방이다. 셋째로는 마음가짐이라고 할 수 있다.

현대 사회에서는 시간과의 사투를 하는데, 그로 인해서 빠르고 쉽게 먹을 수 있는 패스트푸드나 인스턴트와 같은 음식들을 많이 섭취하게 된다. 또한, 산업화로 인해서 많은 사람들의 삶이 윤택해짐에 따라 채식 위주였던 식단이 육식 위주의 식단으로 변화하기 시작했다. 그리고 패스트푸드나 인스턴트같은 음식을 섭취하는 것은 우리의 몸을 질병으로부터 공격받을 수 있게 하는 좋은 지름길이라 할 수 있다. 또한 많은 일들을 기계가 대신하는 자동화로 인해서 사람들의 움직임이 적어지고, 활동 반경이 좁아짐에 따라 운동부족으로 인한 질병이 생겨나며, 만병의 근원이라 할 수 있는 스트레스로 인해서 다양한 질병에 걸리게 된다.

성인병은 의학의 힘에 의한 치료보다는 생활환경과 다양한 방법 등에 의해 예방할 수 있다는 것을 이해하고, 특히 생활 습관병과 식습관, 즉, 음식과 관련해 좋은 음식과 예방할 수 있는 음식을 알아보고자 한다.

1) 성인병과 영양식품

성인병이란 질병의 발생과 진행에 식습관, 운동습관, 휴양, 흡연, 음주 등의 생활 습관이 영향을 미치는 질환을 말한다. 고혈압, 당뇨병, 비만, 고지혈증, 동맥경화증, 협심증, 심근경색증, 뇌졸중, 만성폐쇄성폐질환, 알코올성 간질환, 퇴행성관절염, 악성 종양 등이 이에 해당한다.

지방 섭취와 비만, 흡연은 고혈압, 협심증, 심근경색증, 뇌졸중과 같은 심혈관질환의 위험을 증가시킨다. 흡연은 만성폐쇄성폐질환의 위험을 증가시킨다. 지방의 섭취가 많으면 유방암, 대장암, 전립선암, 자궁 내막암의 위험이 증가하고 신체 활동이 적으면 대장암과 유방암의 위험이 증가한다. 또한 술은 간암, 후두암, 식도암, 구강암, 유방암의 위험을 증가시키고, 흡연은 폐암, 후두암, 식도암, 구강암, 위암, 췌장암, 신장암, 방광암의 위험을 증가시킨다.

(1) 고혈압

혈압이란, 혈액이 혈관벽에 가하는 힘을 말한다. 혈압을 읽을 때에는 수축기 혈압과 확장기 혈압으로 나누어서 읽는다. 이때 수축기 혈압은 심장이 수축하면서 혈액을 내보낼 때 혈관에 가해지는 압력이고, 확장기 혈압은 심장이 확장하면서 혈액을 받아들일 때 혈관이 받는 압력이다. 고혈압은 18세 이상의 성인에서 수축기 혈압이 140mmHg 이상이거나 확장기 혈압이 90mmHg 이상인 경우를 말한다. 고혈압과 관련된 위험 인자에는 고혈압의 가족력, 음주, 흡연, 고령, 운동 부족, 비만, 짜게 먹는 식습관과 스트레스 등 환경적, 심리적 요인으로 알려져 있다.

고혈압은 심각성에 비해서 특별한 증세가 없으며, 증세가 있더라도 병의 정도와는 관계가 없으므로 조기 발견이 늦어지고 조기 발견이 되어도 심각한 합병증에 이르는 경우가 많은 질병이다. 뒷목이 뻣뻣해지거나 두통이 지속적으로 있거나, 눈이 침침하거나, 귀에서 소리가 나며 속이 미식거리면서 어지럽기도 하다. 입이 바짝바짝 마른다거나 쓰다거나, 눈이 침침해지거나 심장이 두근두근 빨리 뛰거나 하는 증세가 나타나기도 한다.

(2) 당뇨병

당뇨병은 인슐린의 분비량이 부족하거나 정상적인 기능이 이루어지지 않는 등의 대사질환의 일종이다. 혈중 포도당의 농도가 높아지는 고혈당을 특징으로 하고, 고혈당으로 인하여 여러 증상 및 징후를 일으키며, 소변에서 포도당을 배출하게 된다.

약한 고혈당에서는 대부분의 환자들이 증상을 느끼지 못하거나 모호해서 당뇨병이라고 생각하기 어렵다. 혈당이 많이 올라가면 갈증이 나서 물을 많이 마시게 되고, 소변량이 늘어 화장실을 자주 가게 된다. 또한 체중이 빠지게 된다. 오랜 기간 고혈당 상태가 유지되면 신체에서 여러 합병증이 발생하게 된다.

(3) 비만

비만인 경우 일반적으로 체중이 많이 나가지만 비만이 아니더라도 근육이 많은 사람은 체중이 많이 나갈 수 있기 때문에 체내에 지방조직이 과다한 상태를 비만으로 정의한다. 혈장으로부터 지방세포로 유입된 지방산과 포도당이 에스테르화하여 주로 중성지방의 형태로 축적된다. 오랜 기간에 걸쳐 에너지 소비량에 비해 영양소를 과다 섭취할 경우 에너지 불균형에 의해 비만이 유발된다. 또한 비만으로 인해 당뇨병 및 고지혈증, 성기능 장애, 심혈관계 질환의 발병 위험이 커지고, 담석증이 생길 수 있으며 일부의 경우 암의 발생과도 연관이 있다.

(4) 고지혈증

고지혈증은 필요 이상으로 많은 지방성분 물질이 혈액 내에 존재하면서 혈관벽에 쌓여 염증을 일으키고 그 결과 심혈관계질환을 일으키는 상태이다. 최근에는 비정상적인 혈액 내 지질상태를 이상지질혈증으로 정의하기도 한다.

(5) 동맥경화증

동맥경화증은 주로 혈관의 중간층에 퇴행성 변화가 일어나서 섬유화가 진행되고 혈관의 탄성이 줄어드는 노화현상의 일종이다. 이 때문에 수축기 고혈압이 초래되어 심장근육이 두꺼워지는 심장대비 현상이 나타나게 된다.

(6) 협심증

심장은 크게 3개의 심장혈관에 의해 산소와 영양분을 받고 활동한다. 동맥경화증, 혈전증, 혈관의 수축 등의 원인에 의해 3개의 관상동맥 중 어느 한 곳에서라도 급성이나 만성으로 협착이 일어나는 경우에는 심장의 전체 또는 일부분에 혈류 공급이 감소하면서 산소 및 영양 공급이 급격하게 줄어들어 심장 근육이 이차적으로 허혈 상태에 빠지게 된다. 이를 협심증이라 한다.

(7) 심근경색증

심장은 크게 3개의 심장혈관에 의해 산소와 영양분을 받고 활동한다. 이 3개의 관상동맥 중 어느 하나라도 혈전증이나 혈관의 빠른 수축 등에 의해 급성으로 막히는 경우, 심장의 전체 또는 일부분에 산소와 영양 공급이 급격하게 줄어들어서 심장 근육의 조직이나 세포가 죽는 상황을 심근경색증이라 한다.

(8) 뇌졸중

뇌졸중은 뇌의 기능에 부분적 또는 전체적으로 급속히 발생한 장애가 상당 기간 이상 지속되는 것으로, 뇌혈관의 병 이외에는 다른 원인을 찾을 수 없는 상태를 말한다. 한의학계에서는 '중풍'이라고도 표현한다.

(9) 만성폐쇄성폐질환

유해한 입자나 가스의 흡입에 의해 폐에 비정상적인 염증 반응이 일어나면서 이로 인해 점차 기류 제한이 진행되어 폐 기능이 저하되고 호흡곤란을 유발하게 되는 호흡기 질환이다. 폐기종, 만성 기관지염 등이 이에 속한다.

(10) 알코올성 간질환

알코올성 간질환은 과다한 음주로 인해 발생하는 간질환을 의미하여 무증상 단순 지방간에서부터 알코올성 간염과 간경변 및 이에 의한 말기 간부전증에 이르기까지의 다양한 질환을 말한다.

(11) 퇴행성 관절염

퇴행성 관절염은 관절을 보호하고 있는 연골의 점진적인 손상이나 퇴행성 변화로 인해 관절을 이루는 뼈와 인대 등에 손상이 일어나서 염증과 통증이 생기는 질환이다. 관절의 염증성 질환 중 가장 높은 빈도를 보인다.

(12) 악성 종양

종양이라 하면 신체 조직의 자율적인 과잉 성장에 의해 비정상적으로 자라난 덩어리를 의미하며, 양성종양과 악성종양으로 구분할 수 있다. 악성종양은 주위 조직에 침윤하면서 빠르게 성장하고 신체 각 부위에 확산되거나 전이되어 생명을 위협하게 된다. 따라서 악성종양을 암과 동일한 의미로 생각할 수 있다.

2) 성인병에 좋은 음식과 생활 습관

(1) 성인병에 좋은 음식

① 콩

콩에는 엽산, 비타민 B_6, 알파리놀레산, 마그네슘, 섬유소가 풍부한데, 이 성분들은 심장 기능에 긍정적인 영향을 준다. 콩 속의 아이소플라본 성분인 제니스테인은 혈관 형성을 방해하는데 이것이 항암효과를 낸다. 또한 고기 대신 콩을 많이 섭취하면 포화지방과 콜레스테롤 섭취량이 감소하기 때문에 좋으며, 알파리놀렌산은 심장질환의 발병률을 낮춰준다.

② 등푸른 생선

등푸른 생선에는 고등어, 연어, 참치, 다랑어, 꽁치 등이 있다. 등푸른 생선에는 불포화지방산인 DHA와 EPA가 많아서 콜레스테롤의 수치를 떨어뜨려 중성 지방을 감소시키는 효과를 주고, 혈액이 응고되는 것을 막아주며, 뇌혈전을 예방해 준다. 우리 몸은 염분이 많으면 혈관이 수축하게 되고 고혈압이 되기 쉬운데 등푸른 생선은 칼슘이 풍부하게 들어 있어서 염분을 줄여주는 효과를 가지고 있고, 칼슘 이외에도 생선의 단백질에는 나트륨을 체외로 배출시키는 작용을 하고 있기 때문에 고혈압을 예방해 준다.

③ 현미

현미는 흰쌀에 비해 낮고 느리게 포도당을 방출하여 오랜 시간동안 배고프지 않게 한다. 이는 당뇨병 예방에 도움이 된다. 현미와 잡곡으로 만든 밥과 떡 그리고 빵은 콩, 채소, 과일 같이 비교적 낮은 혈당지수를 나타낸다. 현미의 섬유소는 포도당의 흡수를 지연시키고 췌장에서 인슐린을 만드는 부담을 덜어준다. 혈액의 콜레스테롤 수치를 낮추며 우리 몸에 자연적으로 존재하는 항응고제의 일부를 활성화시켜 심장병이나 뇌졸중을 유발하는 작은 혈전의 생성을 예방한다.

④ 호두

호두는 칼슘, 비타민, 지방 등 여러 가지 영양분이 풍부하게 함유되어 있는 건강식품이다. 호두는 뇌세포의 운동을 활발하게 해주며, 뇌와 신경을 자극하여 밤에 잠을 잘 이루지 못하는 사람들에게도 좋다. 그러나 하루에 세 알 정도만 먹어도 될 만큼 지방질이 풍부한 고칼로리 식품이기 때문에 과하게 섭취하는 것은 좋지 않다.

⑤ 밤

밤에는 단백질, 지방, 무기질, 탄수화물, 비타민 등 5대 영양소가 풍부하게 함유되어 있다. 특히, 밤에 함유되어 있는 당분은 신장을 보호해주고 위장의 기능을 강화시켜 주며 피로회복, 피부건강에도 좋은 식품이다.

⑥ 잣

잣은 갱년기 시기의 질환과 체력을 보강해 주는데 좋은 식품으로 알려져 있다. 특히 심장질환을 예방하는 데 도움이 되며 마그네슘이 풍부하게 함유되어 있어 빈혈을 치료하는 데 효과적이다. 또한 불포화 지방산이 많이 함유되어 있어 섭취하면 피부건강에도 좋으며 혈압을 내려주고 혈관을 깨끗이 청소해주는 역할을 하고 있어 성인병 예방에 탁월한 식품이다.

⑦ 양배추

양배추는 활성화산소로부터 피해를 막아주는 항산화 작용을 강화시켜주어 몸의 저항력과 백혈구 활동을 향상시켜 각종 암과 성인병을 예방해 주는 성분이 풍부한데, 비타민 C와 비타민 E, 셀레늄 등이 풍부해서 성인병 예방에 효과가 좋다.

⑧ 미역

미역은 미네랄과 무기질, 그리고 비타민이 고르게 분포된 음식으로 칼슘과 카로틴, 요오드의 함량이 풍부한 알칼리성 식품이다. 다양한 미역의 성분으로 인해 장속의 노폐물을 체외로 배출해 줄 뿐만 아니라 비만, 당뇨, 심장, 고혈압, 변비 등을 예방해주고 치료하는데 큰 효과를 볼 수 있다. 또한 체액을 맑게 정화시키는 역할을 해주기도 한다.

⑨ 가지

가지는 수분이 풍부한 식품 중 하나로 성분의 90%가 수분으로 되어 있다. 칼륨성분과 구리,

그리고 카로틴 성분이 다량 함유되어 있어 뇌출혈 예방은 물론, 혈압을 낮추어 주는 작용으로 고혈압 환자에게 최고의 음식이다.

⑩ 버섯

버섯은 식이섬유가 풍부하여 수분을 흡수하여 부피가 커질 뿐 아니라 오랫 동안 씹어야 하므로 적게 섭취해도 포만감을 느끼게 하고 각종 영양소를 흡수하여 급격한 혈당 상승을 억제하여 당뇨병에 도움을 주며, 칼슘은 적지만 칼슘 흡수를 돕는 비타민 D와 비타민 D의 전구체인 에스코스테롤을 다량 함유하고 있다. 에르고스테롤이 햇볕을 받으면 비타민 D로 변하고 비타민 D는 칼슘이 소장에서 40% 정도 더 많이 흡수되도록 하고 신장에서 칼슘을 재흡수하도록 하므로 칼슘이 많은 음식과 함께 먹으면 골다공증 예방에 도움을 준다.

⑪ 멸치

마른 멸치는 오메가-3 지방산, 비타민 B_3, B_5, B_{12},엽산, 칼슘이 풍부하다. 오메가-3지방산은 혈관을 부드럽게 하면서 중성지방과 LDL-콜레스테롤은 감소시키 고 HDL-콜레스테롤은 증가시켜 준다. 비타민 B_3와 비타민 B_5는 혈중 콜레스테롤과 중성지방을 감소시켜 준다. 비타민 B_{12}과 엽산은 동맥경화를 유발하는 혈중 호모시스테인을 감소시키고, 칼슘은 혈관을 이완시키므로 고혈압과 동맥경화 예방에 좋은 음식이라 할 수 있다.

⑫ 양파

양파는 페쿠친이라는 성분이 혈중 콜레스테롤을 분해해 주는 역할을 해주며 양파껍질에 있는 또 다른 물질인 퀘르세틴이라는 성분이 혈관벽의 손상을 막아주어 동맥경화를 예방해 주는 효과가 있다.

(2) 성인병 예방을 위해 피해야 할 생활 습관

성인병을 예방하거나 치료하려면 식습관을 개선하고 술을 줄여야 한다. 고혈압, 협심증, 심근경색증, 뇌졸중과 같은 심혈관질환의 위험을 감소시키기 위해서는 싱겁게 먹는 것이 좋은데, 구체적으로는 성인은 하루 6g 이하로 염분을 섭취하도록 권장하고 있다. 다음으로 과일, 채소, 저지방 식품을 먹을 것을 권장하며, 지방 중에서는 특히 포화지방 섭취를 줄여야 한다. 그 다음으로 술은 적당히 마실 것을 권하고 있는데 남자는 하루 2잔 이하, 여자는 하루 1잔 이하로 마실 것을 권하고 있다. 소량의 적포도주는 생활습관병과 같은 질병에 도움이 된다는 연구 결과들이 있는데, 이는 적포도주에 포함된 폴리페놀이라는 항산화물질 때문이다. 하지만 악성 종양의 위험을 줄이기 위해서는 지방의 섭취를 줄이고 금주해야 한다. 그리고 금연 또한 금주만큼이나 중요한데, 본인만의 노력으로 어려운 경우에는 의사와 상담을 받아보거나 주변에서의 도움을 받는 것 또한 방법이라 할 수 있다.

(3) 성인병의 예방 방법

성인병은 질환이 걸리고 난 다음의 처방보다는 예방하는 것이 중요한데, 첫 번째로는 장의 움직임을 촉진하고 수분을 흡수하며 노폐물 제거에 도움이 되는 섬유질을 많이 섭취해야 한다. 위에서 나열하였듯이, 효과적인 식품으로는 섬유질이 많이 함유된 미역과 곡식류 등이 좋다. 두 번째로는 건강의 적인 동물성 지방질과 고기를 적게 먹도록 해야 한다. 다량의 지방 섭취와 비만증은 대변에 담즙산과 콜레스테롤 대사 물질을 증가시켜 발암 인자를 발생하게 한다. 셋째는 생수를 많이 마셔야 한다. 생수는 미네랄이 풍부하고 산소가 녹아 있는 끓이지 않은 깨끗한 물을 말하는데, 하루에 6~8컵이 좋으며, 취침 전 마시는 한 잔의 물은 밤새 신진대사를 활성화시켜 주고, 일어나서 마시는 한 잔의 물은 위장 기능을 강화해 준다. 그러나 이 방법은 고혈압, 만성폐쇄성폐부전이나 신부전증일 경우에는 금기사항이므로 조심해야 한다. 넷째로는 운동을 해야 한다. 운동은 인체에 생동감을 주고 활동적으로 만드는 데 기여한다. 따라서 이로 인하여 건강과 생활 스타일을 긍정적인 방향으로 이끌어 결과적으로 수명을 연장시키고 삶의 질을 더 높여 준다. 운동은 혈중 콜레스테롤을 저하시켜 동맥경화를 예방하고 치료에 도움을 준다. 또한 심폐기능을 향상시켜 혈압을 낮춰주고 엔돌핀을 증가시키며, 스트레스 해소로 기분상승 및 자신감 향상, 체중조절, 스테미너, 면역력 등을 증가시키는 효과를 준다. 그러나 운동을 하기 전에는 반드시 전문가와 상담을 통해 적절한 운동량을 처방 받아야 한다.

성인병을 '생활습관병'이라고도 하는데, 이름 그대로 생활 속에서 나쁜 습관들로 인해 질병이 발생하는 것을 말한다. 질병이 걸린 후 의학에 의존하는 방법보다는 질병이 걸리기 전 예방하는 방법이 더 좋은 방법이라 할 수 있다.

어떤 질병이든지 항상 예방하는 것이 중요한데, 특히 성인병 같은 경우에는 식습관이나 생활환경, 운동하는 습관, 마음가짐 등으로 질병을 예방할 수 있다. 성인병은 사람들이 생각하는 상식에서 벗어나는 행동들을 하지 않으면 되는데, 인스턴트나 패스트푸드 같은 음식들은 피하고 식이섬유를 많이 함유하고 있는 건과류와 곡식류를 섭취하며, 혈액의 흐름에 도움을 주는 양파, 등푸른 생선류, 해조류 등을 섭취하는 것이 좋다. 또한 꾸준한 운동을 하는 것이 중요한데, 이는 질병으로부터 감염되는 것을 예방해줄 뿐만 아니라 심신의 건강에도 도움을 준다. 스트레스를 해소할 수 있는 매개체이며, 운동으로 인해 혈액순환과 엔돌핀이 분비되므로 기분을 좋게 해주며 심적으로 안정감을 준다.

예방법이 첫 번째로 중요하였다면, 두 번째로는 나쁜 습관들을 버리는 것이라 말할 수 있다. 흡연을 하는 사람은 물론 옆에 있는 사람에게도 유해를 미치는 흡연은 혈관의 수축을 가져올 뿐만 아니라 혈액을 탁하게 하며, 혈관벽에 노폐물이 쌓이게 하여 뇌졸중과 같은 질환을 발병시킬 수 있다. 그리고 술은 특히 간에 좋지 않은 물질 중 하나인데 이는 알코올성 간질환을 일으킬 수 있다. 이와 같이 나쁜 식습관은 인체에 해로운 물질을 몸속에 넣어 주는 것과 같다고 할 수 있다. 음식을 골고루 섭취하지 않고 한 가지 음식만을 치중하여 섭취를 한다거나, 골고루 섭취를 하되 인체에 해로운 음식들을 섭취하면 여러 가지 성인병이 발병할 수 있다.

Beauty and Health

미용과 건강

CHAPTER

06

모발과 영양

1. 모발의 구조

모발은 심미적인 역할과 더불어 햇빛, 먼지, 땀으로부터 신체를 보호하고 마찰을 감소시키는 등의 보호 기능 및 체온 조절 기능을 수행하며, 인종에 따라 물리적, 화학적 성질의 큰 차이는 없는 것으로 보고되고 있다. 성인의 몸에는 대략 500만 개의 모발이 있다. 머리에는 약 100만 개의 모낭이 존재하며, 이 중 10만 개 정도가 두피를 덮고 있다. 유일하게 모낭이 없는 부분은 손바닥과 발바닥이다. 특화된 몇 가지 기능들을 위한 작은 차이들을 제외하고는 포유류의 모낭의 형태는 거의 일치한다. 모낭의 형성과 유지는 표피와 진피의 상호작용과 관련되어 있다. 모발의 성장은 3~10년간의 생장기(anagen)가 지속된 후, 약 3주간의 퇴행기(catagen)를 거쳐, 3개월간의 휴지기(telogen)를 지나 다시 생장기로 접어들게 된다. 이러한 정상적인 모발 주기 외에도 영양결핍, 수술, 감염, 외상 등의 스트레스나 임신 등에 의한 호르몬 변화, 인위적으로 머리카락을 뽑는 등의 행위에 의해 모발 주기가 변화하게 된다. 머리카락은 하루에 약 0.4mm 성장하며, 하루 평균 약 100개가 소실된다. 모낭(hair follicle)의 구조는 크게 3부분으로 구분할 수 있으며, 모낭의 기저부에서 기모근(arrector pili)까지의 하부, 기모근에서 피지선관(sebaceoud gland)까지의 협부와 피지선관에서 피부표면까지의 모누두부(infundibulum)로 구분된다.

모낭의 하부는 다시 모유두(hair papilla), 모유두는 모낭의 기저부에 존재한다(생장기의 경우). 정상적인 모낭에서 모유두는 싱싱한 '배'의 모양을 하고 있으며 활발히 활동하는 세포들로 이루어져 있다. 그 외 모기질(hair matrix), 모간(hair shaft), 내측 모근초(inner root sheath)와 외측 모근초(outer root sheath)로 구분되며, 이 중 모간은 모수질(medulla), 모피질(cortex), 모소피(hair cuticle)로 구분되고, 내측모근초 또한 내측모근초소피(inner root sheath cuticle), 헉슬리층(Huxley layer), 헨레층(Henle layer)으로 구성되어 있다.

모발의 종류에는 성인에 존재하는 머리카락이나 눈썹이나, 수염, 겨드랑이와 음부의 모발에 해당하는 종말털(terminal hair)과 태아의 피부에 존재하는 배냇솜털(lanugo hair), 성인의 몸에 있는 부드럽고 섬세한 모발인 솜털(vellus hair)이 있으며, 눈썹과 속눈썹을 제외한 얼굴, 몸, 겨드랑이와 음부의 모발성장은 성호르몬의 영향을 받는다.

2. 모발의 영양

1) 영양소의 역할

① 몸을 구성하는 물질을 공급한다.
② 영양소의 또 하나의 기능은 몸에 에너지를 공급해 주는 일이다.
③ 신체 내에서 생리적인 기능을 조절하는 역할이다.

2) 단백질과 영양

- 모발의 주성분은 케라틴이라고 하는 각화된 단백질이다.
- 시스테인이라고 하는 아미노산이 많이 함유되어 있다(16~18%).

3) 당질과 영양

- 당질의 섭취가 과잉되면 피지분비량을 증가시켜 두피의 트러블과 지성두피 같은 문제를 유발한다.
- 복합당질은 단순당질과 달리 천천히 대사되어 흡수되므로 갑작스런 인슐린 분비를 촉진하지 않으며, 채소와 과일 등이 이에 속하므로 탈모예방에 좋은 효과를 나타낸다.
- 단순당질은 반대로 인슐린 분비를 촉진시키는데, 이러한 것이 오래 진행되면 호르몬의 불균형을 초래하여 탈모에 영향을 줄 수 있다.

4) 지질과 영양

- 지질이란 : 유기용매에는 잘 용해되는 성질을 갖고 있다.
- 화학적으로는 당질과 같은 구성원소(탄소, 수소, 산소)를 주원소로 하여 구성되어 있는 유기화합물의 일종이다.

5) 비타민과 영양

- 포화지방(동물성지방)은 남성호르몬을 증가시켜 피지분비를 촉진하여 두피의 트러블과 지성두피 같은 문제를 유발한다.

(1) 지용성 비타민

① 비타민 A

- 기름에 용해되는 성분(체내에 흡수되면 배출이 안 된다. → 독소로 변해 많이 섭취하지 않는 것이 좋다)

- A가 결핍되면 피지분비 및 땀샘의 기능저하로 인하여 각질층이 두꺼워 지며 피부나 점막은 건조하여 까칠한 조직을 형성한다. 심각하면 모공 주위가 각화되며, 각질이 모낭 안에 누적되어 모공 입구가 폐쇄되거나 딱딱해지면서 각질탈락이 정상적으로 이루어지지 못하는 모공각화증으로 인해 탈모가 촉진될 수 있다.
- 공급원 : 송아지 간, 달걀, 당근, 멜론
- 결핍증 : 안구건조증, 야맹증, 피부건조, 각막연화증
- 효능과 생리적 기능 : 눈의 건강유지, 항암작용, 황산화작용, 점막구성성분, 성장촉진, 피부, 머리카락, 알레르기 질환 개선, 잇몸 등을 건강하게 유지한다.
- 피지선 강화 기능이 있다.

② 비타민 D

- 모발 재생과 깊은 관련이 있다. 자외선 조사에 의해 생체에서 생성된다. 부족하면 구루병이 걸린다.
- 공급원 : 유제품, 지방성생성, 피부햇빛 받으면 생성
- 결핍증 : 충치, 골연화증, 구루병, 노인성 골다공증
- 효능과 생리적 기능 : 칼슘의 항상성 유지, 호르몬으로서의 작용, 치아와 골격을 위한 칼슘 흡수 향상한다.
- 따라서 비타민과 미네랄을 포함한 파슬리, 딸기, 시금치 등의 야채류도 많이 섭취할 필요가 있다.

③ 비타민 E

- 항산화 작용으로 노화를 방지한다.
- 세포막 대사에 관여한다.
- 체 조직 성분의 합성에 관여한다.

- 말초혈관의 확장과 관련이 있어 육모제 성분으로 주로 사용되면, 이는 육모효과의 기본인 혈액 순환에 초점을 맞추어졌다고 볼 수 있다.
- 공급원 : 채소, 달걀, 생선, 마가린
- 결핍증 : 적혈구파괴, 신경질환, 근육위축증, 빈혈 및 생식기능 장애
- 효능과 생리적 기능 : 항산화작용, 심혈관계 질환예방, 피부노화 방지, 퇴행성 뇌질환 예방 및 치료, 암예방, 당뇨예방, 면역성증진, 눈의 건강유지, 생식기능 도움 역할

④ 비타민 K

- 부족하면 두피가 건조하고 모발의 손상이 쉽다.
- 공급원 : 푸른 채소, 돼지간장 내 세균도 형성, 장어, 현미, 녹황색 채소 등
- 결핍증 : 코피출혈, 노화촉진, 출혈성의 궤양
- 효능과 생리적 기능 : 간기능 개선, 암예방치료, 폐경기 후 골다공증 예방

(2) 수용성 비타민

- 수용성 : 물에 녹는 성분이다.

① 비타민 B군

비타민 B_1(티아민)

- 결핍증 : 각기병, 뇌세포손상 및 근육위축과 근육종, 부종, 피부감, 호흡곤란, 식욕부진, 설사
- 효능과 생리적 기능 : 탄수화물의 에너지 대사도움 성장촉진, 정신건강증, 신경계통, 근육, 심장기능 정상적으로 유지한다.

- 두피에 열이 생겨 각질층이 헐면 비듬이 생기므로 이를 예방하기 위해서는 밀의 배아, 효모, 돼지고기, 마른새우, 콩, 샐러리, 표고버섯, 현미 등을 충분하게 섭취하여야 한다.

비타민 B_2(리보플라빈)

- 공급원 : 달걀, 육류, 유제품, 푸른 채소
- 결핍증 : 구강염, 설염, 피부염, 우울증, 현기증
- 효능과 생리적 기능 : 탄수화물, 단백질 지방의 에너지 대사에 관여, 성장과 재생작용, 건강한 피부유지, 손톱 및 모발유지, 시력을 돕고 눈의 피로를 감소시킨다.
- 부족하면 모발과 피부의 신진대사가 나빠진다.

비타민 B_3(나이아신)

- 두피 혈액순환 기능을 향상시킨다. - 공급원 : 생선, 알곡류, 땅콩, 콩
- 결필증 : 구취, 설사, 신경과민, 피부염
- 효능과 생리적 기능 : 탄수화물, 단백질, 지방의 에너지대사에 관여하여 고지혈증 개선한다.

비타민 B_6(피리독신)

- 공급원 : 육류, 생선, 알곡, 바나나
- 결핍증 : 비듬, 구강염, 피부염, 근육경련, 신경과민
- 효능과 생리적 기능 : 아미노산 대사에서 보효소작용, 구토증, 입덧예방, 빈혈예방
- 피지조절 능력
- 항 피부염, 모발케라틴의 재생과 활성에 관여하며, 부족하면 피지분비를 촉진한다.
- DHT로의 전환을 방지하지만 부족 시에는 DHT로 전환되어 지루성 탈모의 원인이 된다.

비타민 B_{12}

- 공급원 : 우유, 생선, 육류, 계란
- 결핍증 : 악성빈혈, 체취, 비듬, 월경불순, 신경과민
- 효능과 생리적 기능 : 악성빈혈예방, 철분과 엽산의 기능을 도와줌, 신경과민감소, 집중력 및 기억력 향상, 치매예방, 심혈관계 질환 예방한다.

비오틴(비타민 H)

단백질 대사에 필수적인 비오틴은 모발생성, 탈모진행방지, 백모 진행을 방지한다.

- 결정성이 좋고 감미를 가지고 있다. 체내에서 합성되기 부족하므로 따로 섭취할 필요가 있다.
- 간에서 노폐물을 제거하고, 모발의 건강과 습진, 뇌신경계를 유지한다.

이노시톨

- 모낭건강을 유지하며 동물과 미생물의 발육에 관여한다.
- 지방대사를 개선하여 호르몬의 균형을 맞추어준다.
- 현미, 콩, 옥수수 등의 곡류의 속껍질에 함유

② 비타민 C(아스코르빈산)

- 공기 중에 쉽게 산화파괴 된다(미백효과).
- 비타민 C가 부족하면 괴혈병을 유발하고, 모발 성장에도 영향을 주며 살균작용, 염증억제, 면역력 강화 작용을 한다.
- 정신적 쇼크와 스트레스는 모발을 희게 만드는 원인이 되므로 흰머리를 예방하기 위해서는 신선한 채소나 과일을 충분하게 섭취해야 한다.
- 피부의 콜라겐 성분을 유지한다.

6) 탈모와 미네랄

(1) 미네랄과 탈모(Mg)

① 낮음

마그네슘은 칼슘, 인과 매우 긴밀한 관계에 있으며 세포 내 비생리학적인 칼슘의 배출과 생리학적인 칼슘의 흡수에 매우 중요한 역할을 하며, 마그네슘은 세포 내 존재하면서 에너지 생산을 조절하는 효소계에 70%를 관여한다. 피로, 불면증, 월경 전 후 증상, 고혈압, 당뇨병, 천식, 탈모, 백발 등에 관련이 있다.

② 높음

모발 분석에서 나타내는 높은 마그네슘의 수치는 체내 마그네슘의 축적상태를 반영하며 머리카락의 펌, 염색, 탈색 등에 의해서도 높게 나타날 수 있다.

③ 영양식(해소제)

해조류, 소맥배아, 콩, 시금치

(2) 미네랄과 탈모(P)

① 낮음

인은 화학에너지 이동에 관계하는 신체의 각 세포에 존재하며 탄수화물, 아미노산, 지방질 대사과정에 중요 부분을 차지한다. 필수 지방산 및 인지질은 원활한 체내대사의 필수적인 성분으로 결핍 시 피부건조, 피곤, 내분비 장애, 콜레스테롤의 증가 등이 나타날 수 있다.

② 높음

모발 내 인의 수준은 생화학적 기능의 상태를 그대로 반영하지는 않으며 인의 인체 내 축적은 칼슘, 비타민-D 대사, 마그네슘 등의 섭취량과 반비례의 관계를 나타낸다. 특히 음모(Pubic Hair)검사에서는 항상 상승된 인의 수치가 나타난다.

③ 영양식

호박, 미꾸라지, 해조류

(3) 미네랄과 탈모(Mn)

① 낮음

망간 결핍증상으로는 알레르기, 당뇨병, 피로, 두통, 지구력 부족, 손톱과 모발의 성장지연, 피부염, 체중감소, 현기증, 천식, 이명, 청력저하, 연골조직 약화현상, 관절과 허리장애, 골다공증, 콜레스테롤 증가, 저혈당증, 면역력 저하, 성 능력 감퇴, 불임증, 생식기능 저하의 문제가 나타난다. 망간은 구리(Cu)및 철분(Fe)과 밀접한 관계가 있으므로 망간의 재공급 시 이들의 밸런스가 깨어지지 않도록 주의한다.

② 높음

망간은 효소의 활성화, 생식작용의 성장, 성 호르몬 생산, 갑상선 호르몬 생산, 스테로이드 호르몬 생산, 세포의 호흡, 지방질 및 탄수화물 대사 등에 관계하며 특별히 신경전달 작용과 다른 비타민과 미네랄의 이용을 도와준다.

③ 영양식

인삼, 견과류, 해조류

(4) 미네랄과 탈모(Fe)

① 낮음

빈혈, 탈모, 판단력 저하, 호흡 곤란, 손톱 연화, 피부 창백, 쉽게 피로, 변비, 혀의 통증, 성장 장애, 다리를 계속해서 흔드는 버릇, 생리불순, 면역력저하 등과 관련이 있다.

② 높음

상승된 모발 내 철의 수준은 인체 내 철분의 부담상태를 확고하게 하기 위한 다른 검사의 필요성을 제시하는 예비검사로서 이용되어야 한다.

③ 영양식

해조류, 아스파라거스, 토마토

(5) 미네랄과 탈모(Cu)

① 낮음

아연과 구리는 서로 반비례하는 관계에 있다. 즉, 한쪽이 체내에서 부족하면 다른 영양소의 함량은 증가하게 된다. 구리가 많이 낮은 경우는 콜레스테롤의 신진대사가 잘 이루어지지 않고 있음을 나타낸다.

구리 결핍 증상으로는 빈혈, 골격 부족, 골다공증, 콜레스테롤 상승, 동맥경화, 혈관파열, 면역력 저하, 갑상선기능 저하, 조직 노화, 피부염, 일반적인 허약 증세, 탈모 등과 관련이 있다.

② 높음

모발의 구리 수준을 상승시키는 또 다른 요인으로는 펌, 염색, 탈색 등을 들 수 있다.

구리는 세포 내에서 에너지를 생산하는 네 가지 중요한 미네랄들 중 하나로, 혈관벽의 탄력성을 부여하는 작용과 신경 막의 보호 작용을 하는 데 매우 중요한 물질이다.

③ 영양식

간, 육류, 콩, 녹색채소

(6) 미네랄과 탈모(Zn)

① 낮음

아연이 낮게 나타나는 것은 인체 내 아연 결핍현상이며 피로, 식욕감퇴, 설사, 빈혈, 야맹증, 관절염, 면역력 저하, 건조한 피부, 여드름, 피부염, 각막염, 원형 탈모증, 성장장애, 성기능 장애(남성 발기불능), 여성 불임증, 알코올 중독, 당뇨병, 간경화 등이 있다.

② 높음

아연(Zn)은 체내 대사에서 여러 가지 역할을 하는 효소(Enzyme)의 활성제와 보조 인자로 작용하는 매우 중요한 미네랄로 효소 작용의 80%에 관계한다.

아연의 수치가 높게 나타낼 때에는 아연이 포함된 샴푸 사용으로 인한 외부 오염이나 비활성 아연의 침착으로 보며 실제로는 낮게 나타낼 때와 같은 증상이 나타난다.

③ 영양식

굴, 붉은 살코기, 콩, 씨앗

(7) 미네랄과 탈모(Se)

① 낮음

셀레늄 결핍 징후는 비타민 E결핍과 비슷하며 체중감소, 원형 탈모증, 안절부절 못함, 근육통, 골격과 근육 퇴화, 성장 지연, 면역기능 감소, 생식능력 저하 등의 증상이 나타난다.

② 높음

영양학적으로는 필수 미네랄이지만 지나치게 과잉 시 독성을 나타낼 수도 있다.

③ 영양식

버터, 우유, 오렌지 주스

7) 탈모와 중금속

(1) 중금속과 탈모(Al)

① 높음

신장기능이 떨어지거나 신장결석이 있는 사람은 알루미늄 수치가 상승하며 구리, 철, 아연의 흡수를 제한하고, 탈모, 위장장애, 복통, 식욕상실, 기억력 감퇴, 건망증, 치매증, 신장결석 등이 나타난다.

(2) 중금속과 탈모(Hg)

① 높음

모발 내 수은의 양은 인체 내 축적의 정확한 지표가 된다.

수은은 극도로 활동적인 중금속으로 신경 정신 계통, 심장혈관 계통, 근육조직 계통, 면역 계통, 알레르기 계통에 영향을 주며 손톱변색과 탈모 현상을 일으킨다.

② 영양식

콩, 마늘, 양파, 계란, 셀레늄, 아연, Vit C

(3) 중금속과 탈모(Pb)

① 매우 높음

모발은 납의 체내 축적을 매우 잘 나타내며 낮은 수준에서도 칼슘, 마그네슘, 아연의 체내 이용을 방해한다. 또한 어느 정도 높은 수준의 장기간 축적은 기억력과 사고력에 영향을 미치며 10ppm 이상의 아동은 학습능력에 많은 문제를 갖고 있다.

(4) 중금속과 탈모(Cd)

① 높음

과량의 카드뮴은 근육과 골격의 이상을 야기하며 여러 미네랄의 흡수를 방해한다. 특히 아연의 작용을 방해하며, 칼슘이 부족하면 카드뮴의 흡수 증가로 이어질 수 있다. 또한 피로 식욕감퇴, 피부염, 건성피부 등이 나타날 수 있다.

3. 모발의 생장주기(Hair Growth Cycle)

모발은 다음 3가지 주기를 반복한다.

휴지기(telogen) → 성장기(anagen) → 퇴행기(catagen) → 휴지기

1) 성장기 → 퇴행기 → 휴지기

모발이 일정 속도로 자라는 성장기가 계속되다가 모유두 부근의 세포로부터 신호를 받으면 멜라닌 세포와 함께 모기질 세포의 증식이 중단되며 apoptosis(세포고사)를 시작한다. 따라서 모발의 성장도 중단된다.

모유두 부근의 혈관이 수축하고 세포외기질들이 현저히 줄어든다. 멜라닌세포는 멜라닌 생성을 중단한다. 모발의 끝은 곤봉처럼 각질화되고 굳어진다. 죽은 모기질 세포들이 모유두로부터 떨어져나가 위쪽으로 상승한다. 모낭의 하부구조가 위축되면서 모낭의 크기는 성장기의 반으로 줄어든다. 모유두도 퇴화하여 위축된다(3주).

휴지기가 시작되면 모발은 천천히 위로 이동하여 3개월 후 모관에 도달하면 모낭으로부터 빠져나간다. 이러한 주기는 일생동안 20회 이상 반복된다.

〈그림 6-1〉 모발의 생장주기

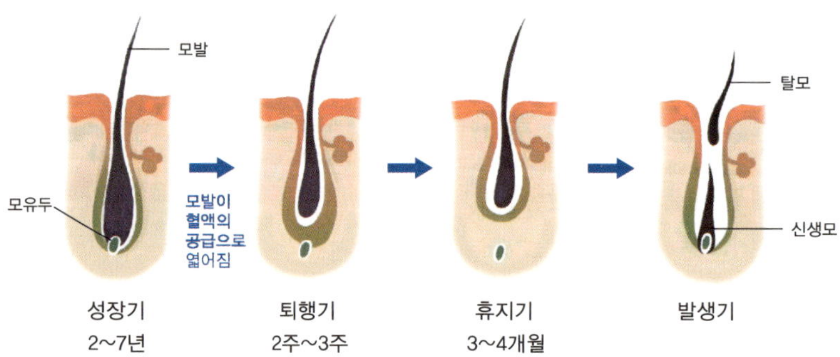

2) 휴지기 → 성장기

휴지기의 모낭이 성장기로 바뀌면 모유두에서는 새로운 혈관들이 형성되며, 필요한 영양소와 산소의 공급이 증가되고, 모유두 세포가 세포외기질(ECM)에 필요한 단백질 합성을 시작한다. 동맥혈은 진피동맥층에서 나와 심층정맥층으로 돌아간다. 여기에 림프관도 같이 형성되어 면역세포들이 공급된다. 모유두에는 자유신경 말단부위가 있으며 이들 신경들은 혈관과 뒤섞여 있다. 모낭 주위에도 메켈세포들이 있어 체모가 촉각을 느낄 수 있게 해준다. 모기질 세포는 새로이 분열을 시작하고 모낭의 크기가 점차로 증가한다. 모유두 부근의 모기질 세포의 숫자가 충분히 증가하면 위로 이동을 시작한다. 모발의 성장 속도도 최고에 달한다. 하루 0.3~0.4mm씩 성장한다. 이 때 멜라닌 세포는 멜라닌을 합성하여 모간에 공급한다.

3) 모유두 세포의 신호

퇴행기의 모낭에서 모유두는 위쪽으로 이동하여 팽출부위 부근까지 상승해 있다가 성장기가 다시 시작될 무렵 신호전달 물질을 이용하여 신호를 보낸다. 이처럼 모유두가 팽출부위까지 상승하여 가까이 위치하는 이유는 줄기세포에 새로운 모주기를 유도하는 신호전달과 관련이 있을 것으로 보인다. 따라서 모유두가 퇴행기 동안 팽출부위 근처로 올라가지 않으면 새로운 모발은 형성되지 않는다. 신호를 받은 줄기세포는 세포분열을 시작하여 외모근초와 내모근초를 재생하여 아래로 전진하며 새로운 모구(secondary germ cell)를 형성시키고 모발 증식이 활성화된다.

모발주기는 신체부위에 따라 변한다.

- 두피 : 3~5년
- 겨드랑이 : 1~6개월
- 다리 : 5~7개월
- 팔 : 1.5~3개월
- 수염 : 1~4개월
- 눈썹 : 1~1.5개월, 3개월간 휴지기

4. 모발의 생장주기에 영향을 주는 인자들

모발 주기는 바로 모낭의 변화주기이며, 이는 중배엽 유래 모유두 세포가 분비하는 신호전달 물질과 외배엽 유래 상피세포들이 발현하는 수용체들에 의해 결정된다.

1) 안드로겐 호르몬

안드로겐성 호르몬과 스트레스성 호르몬은 모발주기에 영향을 미친다. 성장기 동안 많은 종류의 cytokine들이 모기질세포의 증식을 촉진한다.

2) 영양 공급과 부산물의 제거

모발의 성장속도는 모모세포의 증식속도에 의해 결정되며 세포들의 증식이 활발히 일어나기 위해서는 모유두세포나 진피근초로부터 충분한 영양을 공급받아야 한다. 또한 모낭 내에서 발생한 부산물과 활성산소들은 신속히 제거되어야 한다. 따라서 이러한 조건을 만족시키기 위해서는 모낭과 모유두 주위의 혈액순환이 중요하다.

3) 혈관 형성과 혈액 순환

휴지기의 모발이 성장기로 재진입하기 위해서는 모낭부근의 모세혈관들이 새로이 형성되면서 모유두에 필요한 영양분을 공급하여야 한다. 모발이 활발하게 성장하고 있는 성장기 내내 잘 발달된 혈관들이 원활한 혈액순환을 통해 모낭에 영양성분을 공급하고 노폐물들은 제거한다. 따라서 모발이 계속 성장기에 머물기 위해서는 원활한 혈액순환이 절대적으로 필요하다.

4) 모낭 면역세포

모낭은 넓은 의미의 면역관용(immune-tolerence)이 적용되는 소기관이다. 그러나 미생물 감염이나 면역관용의 파괴로 염증반응이 유발될 수 있다.

5) 모낭 줄기세포

재생가능한 모든 조직에는 줄기세포가 있다.

- **모낭의 줄기세포 3가지 : 팽출부위**(bulge), **피지선부위**(SG), **표피부위**(IFE)

줄기세포는 조직의 재생이 필요할 경우 증식을 시작하며 이들 세포 중 대부분은 한정된 증식 능력을 갖게 된다. 모발 성장에 필요한 모기질 세포를 충분히 확보하기 위해서 팽출부위의 줄기세포가 아래로 이동하여 모유두 부위의 줄기세포와 합류한다. 팽출부위의 줄기세포는 모발뿐 아니라 모피지선과 상피조직을 형성하는 데에도 관여한다. 모낭 줄기세포의 유지는 모낭의 재생에서 필수적이다. 여러 가지 원인에 의해 모낭 줄기세포가 손상을 입게될 경우 모낭의 재생이 어려워진다.

5. 모발과 호르몬

- 모발과 관계가 있는 것은, 뇌하수체, 갑상선, 부신피질, 성선(난소와 고 환) 등에서 분비되는 호르몬이다.
- 특별한 도관(통로, 관)이 없이 직접 혈관 속이나 림프 속으로 분비되며 각 호르몬의 표적기관(각각을 받아들이는 곳)이 있다.

1) 뇌하수체 호르몬

(1) 뇌하수체 전엽호르몬

- 내분비선의 기능을 조절하는 중추적 역할
- 성장호르몬, 갑상선자극호르몬, 부신피질자극호르몬, 성성자극호르몬 등 여러 가지 일을 하는 호르몬이 분비되고 있다.
- 모든 호르몬을 통제, 조정

2) 갑상선

(1) 갑상선 호르몬의 작용

갑상선 호르몬은 모발의 발육에 밀접한 관련이 있다. 갑상선의 기능이 약화되면 모발은 유연하며 가늘어지고 퇴화한다. 거꾸로 갑상선의 기능이 촉진되면 발육이 양호하게 된다. 그러나 지나치게 촉진되면, 가령 '바세도우씨병'과 같은 증상이 되면 또 탈모가 일어날 수도 있다.

해초의 요오드는 이 갑상선호르몬의 원료가 되기 때문에 요오드가 결핍되면 탈모를 유발할 수 있다. 특히 여성의 경우에는 남성호르몬과 같은 성질이 여기에서 분비되기 때문에 성모나 체모의 발생에 많은 영향을 주고 있다.

여성으로서 체모가 많아지거나 하는 것은 이 부신피질의 기능촉진에서 오는 것이라고 말하고 있다. 모모세포의 분열과 증식에 많은 영향이 있다.

3) 부신

부신피질 호르몬(부신성 안드로겐) : 성모와 체모를 형성하는 호르몬(탈모의 원인 호르몬)

4) 여성호르몬(에스트로겐)

모발성장 촉진, 체모발육 억제한다.

5) 황체호르몬(프로게스테론)

배란된 난포에서 생성, 남성호르몬과 동일한 역할(탈모의 원인 호르몬)

6) 남성호르몬(안드로겐)

모모세포의 분열과 증식을 억제, 체모발육 촉진, 피지의 분비량 증대(탈모의 원인 호르몬)

7) 여성의 생리와 호르몬 변화

- 배란 전 : 난포호르몬 증대, 황체호르몬 감소
- 배란 후 : 난포호르몬 감소, 황체호르몬 증가
- 일시적 지성 두피로 변화 : 파마 시술 시 장애
- 여성은 난소와 부신피질에서 호르몬이 분비되어 안드로겐(남성호르몬)과 동일한 역할을 함(지루, 체모증대, 육모방해)

8) 모발의 화학적 성질

모발의 성분 모발을 구성하는 기본 성분은 18종의 아미노산으로 구성된 80~90%의 케라틴과 10~20% 정도의 수분과 지질 1~8%와 멜라닌색소 1~3%로 이루어지며, 미량원소로도 구성되어 있다. 구성원소는 탄소(50.65%), 산소(20.85%), 질소(17.14%), 수소,(6.36%), 유황(5.0%)으로 주로 구성되어 있다.

모발의 주성분인 단백질은 시스틴을 16~18% 함유한 케라틴이라는 물질로 되어 있다. 모발은 20종류의 아미노산으로 되어 있지만, 아미노산의 종류나 각각 의 함유량에 의해 형상이나 성질이 달라질 수 있다.

(1) 아미노산의 화학구조와 성질

```
        H
        |
H2N - C - C00H
        |
        R
```

하나의 탄소 원자에 수소원자를 갖고 아미노기(NH2)를 갖고 카르복실기(COOH)를 갖는 것은 모두 공통이다. 아미노산마다 다른 것은 각기 다른 "R"기를 갖는 것이다.

6. 탈모의 원인과 방법

1) 탈모

생리적으로 머리털이 빠지는 것을 탈모라 한다. 머리털뿐만 아니라 털은 모두 일정한 성장기간이 지나면 성장이 정지되고 휴지기에 들어가서 탈모하여 다시 신생모가 나오는 과정을 되풀이 한다. 이것을 털의 성장주기라고 한다. 눈썹, 속눈썹, 솜털 등은 6개월 이하인데 머리털은 성장기가 길고(3~6년 이상) 휴지기가 짧다(2~4개월 이하). 그리고 1개씩 독립된 성장주기를 가지며, 성인은 머리털의 2~5% 이하가 휴지기에 있다. 휴지기에 들어간 털은 색소가 엷으며 윤기가 없고 모근도 가늘며, 세발이나 빗질로 쉽게 빠진다. 또 발열성 질병, 임신, 정신적 스트레스 등에 의하여 성장기의 털이 갑자기 휴지기에 들어가 많이 빠지게 되는데 이런 경우는 원인이 제거되면 회복된다. 즉 모발의 주기를 지키고 난 후 휴지기에 빠지는 탈모를 정상탈모라고 하고 어떠한 원인에 의해 성장기, 휴지기에 빠지는 탈모를 이상탈모라 한다.

2) 탈모의 원인

대부분의 탈모는 유전적인 요소와 분명히 연관되어 있다. 탈모는 질병이나 약제, 영양결핍, 전신마취, 다이어트 또는 생리적 정신적 스트레스에 영향을 받는 경우도 있다. 탈모가 빈혈 또는 갑상선 질환 및 내분비 질환의 증상일 수도 있다. 모발은 건강을 반영하는 매우 민감한 척도이다. 많은 경우에 탈모가 보다 심각한 기저질환을 반영하는 증상일 수도 있다.

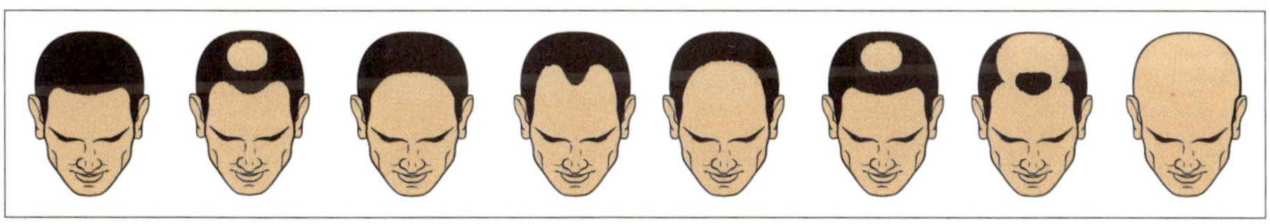

정상모 M형+원형 U자형 M자형 전두탈모 원형탈모 O자형 완전탈모

탈모형태	탈모 진행 단계			
	정상	초기단계	중기단계	말기단계
제1형				
제2형				
제3형				
제4형			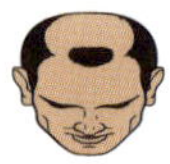	
제5형		→		
제6형		→		

- 스트레스성 탈모 : 원형탈모
- 유전성 탈모 : M자형과 U자형 탈모, 전두탈모
- 스트레스성과 유전성 복합형 탈모 : M자형 + 원형탈모

※ 사회가 고도산업화 정보화 시대로 접어들면서 복합형 탈모환자가 주류를 이루고 있다.

(1) 식생활 영양소의 부족

대머리는 서양인에서 동양인보다 2배 이상 많으며 우리나라의 경우도 고려나 이조시대에는 대머리가 드물었으나 최근에 증가하는 이유를 식생활 패턴의 서구화에서 어느 정도 찾아야 할 것 같다. 남성호르몬을 미량 함유하고 있는 밀눈, 땅콩, 효모 등을 많이 섭취하면 여성에서는 대머리를 악화시킬 수 있다.

다이어트와 같이 영양분 섭취를 못하는 경우에도 탈모가 일어날 수 있다.

- 체내 케라틴 생성에 필요한 아미노산 또는 보조영양분인 비타민이나 미네랄 부족으로 인한 탈모(출산 후 탈모, 다이어트에 의한 탈모)이다.

(2) 혈액순환의 장애

"머리(두개골)의 혈액순환이 제대로 이루어지지 않을 경우는 머리카락이 빠진다." 라는 설에는 여러 가지가 있다. 예컨대 모자를 오랫동안 꽉 죄게 쓰면 두피의 혈액 순환이 나빠질 뿐 아니라 두정부가 공기 순환이 잘 안되어 온도가 높아져서 머리카락이 빠진다고 한다. 또 다른 사람은 원시인은 대머리가 없는데 반하여 지식인에게 대머리가 많다는 예를 든다. 즉 지식인은 두뇌를 많이 쓰기 때문에 보통 사람보다 뇌가 발달하고 두개골도 커지므로 두개골을 덮고 있는 피부가 당기어 그 밑에 있는 혈관을 압박하게 됨으로써 결국 혈액순환에 장애가 오기 때문이라는 것이다.

혈액으로 신선한 산소와 영양분 등이 운반되어 모세혈관을 통해 모유두로 전달이 이루어져야 한다.

교감신경계가 긴장되어 모세혈관이 위축되어 모유두의 모세혈관의 활동 위축으로 인한 탈모이다.

(3) 모유두 기능의 정지 및 쇠퇴

모발 성장 주기에서 퇴화기와 휴지기 상태의 탈모이다.

(4) 스트레스에 의한 자율신경의 혼란

흔히 "신경을 몹시 쓰니까 머리카락이 빠진다"거나 혹은 "대머리는 문명병"이라고들 한다. 이 말은 바로 대머리가 스트레스와 관계가 있음을 시사한다. 그렇다고 대머리가 아닌 사람이 "우리는 신경을 안 쓰고 스트레스가 없단 말이냐?"고 반론을 제기한다면 설명이 어렵지만, 옛날에 비해 요즘이 그리고 원시사회에 비해 문명사회에 대머리가 훨씬 많은 것으로 보아 스트레스가 식생활이나 그 밖의 다른 원인과 함께 탈모증에 관계가 있는 것 같다. 스트레스 설에 따르면 정신적으로나 육체적으로나 스트레스가 쌓이면 자율신경 실조증을 초래하여 모발의 발육이 저해된다고 한다.

스트레스는 남성형 탈모증을 유발하는데 약간의 인자는 될 수 있으나 남성형 대머리의 주된 원인은 역시 아닌 것 같으며 가끔 원형탈모증을 유발할 수 있다.

(5) 내분비의 장애 : 호르몬 장애

남성호르몬의 과다 분비, 갑상선 호르몬 이상 등이 탈모를 유발 한다.

(6) 과도 혹은 부족한 피지 분비

피지 분비는 남성호르몬의 작용에 의한 이차적 현상이지 그 자체가 대머리의 원인은 아니다. 즉 남성호르몬이 머리카락을 가늘게 하여 대머리를 만들뿐만 아니라 피지선을 자극하여 과다한 피지의 분비를 증가시킨다. 그래서 대머리가 진행되는 사람은 비듬이 많이 생기며 하루만 머리를 감지 않아도 머리가 끈적거리게 된다.

(7) 약품 부작용(접촉성 피부염) : 파마나 염색 또는 약물에 의한 탈모

모발제품으로는 화학적인 제품으로 모낭염이 생길 수도 있고, 자주 화학적인 시술을 하면 두피가 건성화되어 탈모가 일어나는데 이차적인 원인이 될 수도 있다.

항암제와 같은 약은 세포의 분열을 막고, 모모세포의 분열도 역시 억제하여 탈모가 일어난다.

(8) 노화 : 모낭의 노화에 의한 모모세포 분열, 증식 저하(노인성 탈모)

노화로 인한 세포의 분열능력이 저하되어 탈모가 일어날 수가 있다.

(9) 유전 : 탈모 유전인자에 의한 탈모이다.

유전과 남성호르몬 남성형 대머리는 상염색체 우성 유전이다.

B는 대머리 유전자이고 b는 대머리를 유발하지 않는 유전자인 경우, 유전형이 BB이면 남자와 여자 모두가 대머리가 되며, Bb의 경우 남자는 대머리가 되지만 여자는 대머리가 되지 않는다. 그러나 Bb를 갖고 있는 여자에서 혈중 남성호르몬 농도가 높으면 대머리가 유발될 수 있다. 물론 유전형이 bb이면 남자와 여자 모두 대머리가 되지 않는다. 그러나 대머리의 유전은 복합유전이기 때문에 이처럼 간단하지는 않다. 어쨌든 대머리의 원인이 유전자에 있음은 틀림없는 것 같다. 그러나 대머리 유전자를 갖고 있다 하더라도 모두가 대머리가 되지는 않는다.

대머리 유전자의 발현에는 역시 남성 호르몬이 관여한다고 알려져 있다. 1942년 헤밀톤은 쌍둥이 중 한 명은 사춘기 이전에 거세한 결과 40세까지 대머리가 되지 않았으며 40세 때 테스토스테론(남성호르몬)을 주사하였더니 6개월 이내에 대머리가 되었다고 하였으며, 거세하지 않은 한 명은 20대에 대머리가 진행되었다고 하였다. 또한 그는 가족 중 대머리가 있는 환자에게 테스토스테론을 주사하면 대머리가 되지만 가족 중 대머리가 없는 환자에게 동량의 테스토스테론을 주사해도 대머리가 되지 않는다고 하였다.

헤밀톤의 또 한 가지 연구는 대머리들을 매우 실망시키는 것으로 대머리가 되고 난 후에 거세하면 대머리의 진행은 막을 수 있어도 머리카락이 새로 나지는 않는다는 사실이다. 따라서 대머리가 되려면 일단 유전적 소인이 있어야 하고 발현유무는 남성호르몬에 의해 좌우 된다고 하겠다.

여성의 경우는 남성호르몬의 농도가 낮기 때문에 남성형 대머리가 발현되려면 적어도 친가 및 외가 모두가 유전적 소인이 있어야 한다. 물론 여성에서의 남성형 대머리는 남자와 달리 머리숱이 전반적으로 적어진다.

대머리를 유심히 관찰하면 두정부는 탈모하는데 옆머리와 뒷머리에는 머리카락이 그대로 남아 있는 경우가 보통이며, 또 머리카락은 빠져도 수염이나 가슴 털은 여전하다.

남성호르몬인 테스토스테론은 혈액을 따라 온몸에 골고루 운반되어 똑같은 작용을 할 텐데 왜 하필이면 두정부의 머리카락만 빠지느냐 하는 것이다. 그 점에 대해서는 명확한 해명이 없지만 개개의 모발이 남성호르몬에 반응하는 반응 정도가 다르기 때문이라고 여겨지고 그 이유들이 조금씩 밝혀지고 있다.

(10) 탈모의 분류

① 성장기성 탈모

- 원형 탈모
- 압박성 탈모
- 약제성 탈모
- 반흔성 탈모
- 두부백선에 의한 탈모
- 매독성 탈모

② **휴지기성 탈모**

- 분만 후 탈모, 피임약 복용 후 탈모
- 남성형 탈모
- 지루성 탈모
- 접촉성 피부염에 따른 탈모
- 내분비 질환에 의한 탈모
- 다이어트에 의한 탈모
- 비타민 A 과잉에 의한 탈모
- 약물복용에 의한 탈모

3) 탈모의 자가진단

(1) 아침에 일어나서 보면

대머리가 진행되면 머리카락이 가늘어질 뿐 아니라 모주기가 단축되어 많이 빠지게 된다. 아침에 일어나서 보면 베개에 머리카락이 많이 떨어져 있는 경우를 우리는 종종 경험한다. 뿐만 아니라, 머리를 감으면 머리카락이 많이 빠져서 하수구로 까맣게 흘러가고 빗질을 할 때에도 평소보다 머리카락이 많이 빠지는 것을 깨닫는다. 우리의 머리카락은 주기적으로 빠지고 새로 난다. 하루에 빠지는 생리적인 정상치는 전체 머리카락(약 10만개)의 50~80개 안팎이다. 따라서 하루에 80개 전후로 빠지는 것은 자연적인 현상이므로 걱정할 필요가 없다. 그러나 그보다 더 많이 가령 100개 이상의 머리카락이 계속해서 빠질 때는 문제가 된다.

(2) 이마가 자꾸 넓어지면

대머리의 다음 징조는 이마와 머리의 경계선이 뒤로 후퇴하면서 이마가 점점 넓어지는 현상이다. 그리고 경계선은 일반적으로 주름살을 기준으로 해서 주름살이 있는 곳은 이마이고 없는 부분은 머리라고 생각하면 된다. 이마와 머리의 경계선이 확실히 후퇴하고 그 자리에 잔털이 남게 된다.

(3) 비듬이 많아지면

비듬이란 피지선에서 나온 지질이 머리표피에서 박리된 각질층에 말라 붙어서 된 잔 비늘이다. 비듬에는 건조성의 마른 비듬과 지루성의 젖은 비듬이 있다. 마른 비듬은 웬만한 사람이면 조금씩은 다 있는데 특히 문제가 되는 것은 머리 밑을 긁을 때 손톱사이에 끼이는 젖은 비듬이다. 젖은 비듬은 남성호르몬과 관계가 있다. 머리 밑이 가려워지면서 비듬이 심하고 특히 젖은 비듬이 많아지면 대머리의 전구증상으로 보아야 한다. 그러나 역시 비듬이 생겼다고 해서 모두가 탈모가 되는 것은 아니다.

(4) 머리카락이 부드러워지고 가늘어진다.

머리카락이 가늘고 부드러워지면 대머리가 기다리고 있다. 대머리는 사실 머리카락이 빠지는 것이 아니라 점차 가늘어져 솜털로 되는 현상이다. 나중에는 모발이 다 탈모가 되어 대머리가 된다.

이유는 성장기가 짧아져서 머리카락이 가늘어지고 부드러워진다.

(5) 몸의 털이 굵어지면

대머리의 또 다른 징조는 가슴 털과 수염이 굵어지는 것이다. 대머리에서 흔히 볼 수 있는 현상은 팔, 다리, 가슴의 털이 유별나게 길고 많다는 사실이다. 이와 같이 탈모는 유심히 관찰하면 여러 가지의 징후를 나타내면서 갑자기 혹은 서서히 시작된다. 몸의 털이 굵어지면 남성호르몬 분비가 증가한 경우가 많다. 이는 두피의 남성호르몬 증가도 함께 오는 경우가 있다.

이때 남성호르몬이 전두부, 두정부에 많이 분비 되면 탈모가 일어날 확률이 높다.

① 남성형 탈모

남성형 탈모로 명명된 이유는 남성 호르몬인 테스토스테론과 디하이드로테스토스테론(DHT)이 남성형 탈모를 일으키기 때문이다. 남성형 탈모의 원인 중 하나는 유전적이며 이는 모든 남성형 탈모가 부모 한쪽 또는 양쪽의 부모에게서 물려받은 특정한 유전자에서 기인한 것이기 때문이다. 남성형 탈모는 전두엽부터 시작되어 잠재적으로 두피의 앞과 꼭대기에 있는 모든 모발이 빠져서 머리 뒷부분과 양쪽에 고리 모양을 형성하게 된다. 탈모의 시작시기와 속도 그리고 탈모의 종류는 유전적으로 결정되며 연령의 증가와 함께 정도가 심해진다. 남성형 탈모는 20대에는 약 20%의 남자에게 생기며 이후 연령대별로 10%씩 증가되어 30대에는 30%, 40대에는 40% 등 이런 식으로 증가한다.

남성형 탈모의 기전은 테스토스테론은 5-α reductase에 의해서 DHT로 변환된다. DHT는 모낭의 세포표면에 있는 리셉터와 결합한다. 소인이 있는 개인에게서 DHT는 리셉터와 결합하고 세포에 들어가 핵과 상호작용을 하고 단백질 생산을 변화시켜 결국 모낭이 줄어들게 만들어 생장주기의 변화를 초래한다. 작아진 모낭들은 짧고 가늘어지고 색이 더 연해지며 궁극적으로 모발의 생산을 완전히 중단시킨다. 이렇게 된 모발들은 또한 정상 모낭들보다 더 긴 휴지기를 가진다. 이렇듯 탈모는 DHT가 주범이라는 것이 잘 규명되어 있다.

② **여성형 탈모**(Androgenetic Alopecia; Female pattern hair loss)

여자의 탈모는 통상적으로 남서의 탈모와 다른 방식으로 진행한다. 여성형 탈모는 대개 출산 후, 폐경기 또는 완전 자궁절제술 이후에 뚜렷이 나타나며 10대 이후 어느 때나 시작할 수 있다. 대부분의 경우 여성의 탈모는 완전한 대머리로 진행되는 경우는 없다. 이마라인이 유지되거나 아주 약간만 후퇴하지만 모발이 가늘어지는 현상이 이마라인 위에서 두정부까지 일어나는 경우도 있고 때로는 두피 전반에 걸쳐서 탈모가 일어나기도 한다.

4) 탈모 치료와 모발관리법

(1) 탈모치료법

① **약물요법**

대머리 치료에 관한 처방은 이미 5000여년 전 이집트의 파피루스에도 쓰여 져 있으며 기원전 400년경 그리스의 히포크라테스는 아편, 장미 혹은 백합 추출물, 포도주, 올리브오일, 아카시아 즙을 혼합한 연고를 처방하였으며 대머리가 심한 경우에는 비둘기 변, 으깬 서양고추, 냉이, 사탕무 뿌리를 처방하였다.

이 지구상의 어느 나라에 가든 탈모를 치료하는 치료제 한 두 가지는 반드시 있다. 중국의 경우는 일전에 선풍적인 인기를 모았던 101발모제가 있으며 일본의 경우는 모근에 영양분을 공급하여 머리카락이 빠지는 것을 방지한다는 양모제가 수십 종류에 달한다. 지금까지의 발모제나 양모제를 보면 피부의 혈액순환을 좋게 하고 모근에 영양을 공급해 주려는 목적으로 만들어진 것이 대부분이다.

흔히 머리 밑을 마사지하거나 특수한 머리빗을 사용하는 것도 마찬가지 방법이다. 그러나 이들 발모제 혹은 양모제들은 모두 의약품이 아니고 화장품과 같은 의약부외품으로 효과가 증명되지 않은 약들이다.

우리나라에서도 많은 발모제들이 시판되어지고 있으나 이들 역시 모두 의약부외품이거나 화장품류이다. 이처럼 아직도 '이것이면 됐다'고 만족할만한 특효약 또한 없는 것도 사실이다. 그만큼 탈모의 치료가 많은 사람들의 꿈이지만 그 꿈을 이루기가 어렵다는 뜻이다.

현재까지 의약품으로 등록되어 약효를 어느 정도 인정받고 있는 약은 미녹시딜과 프로페시아 두 가지가 있다.

• 미녹시딜

미녹시딜은 원래 혈압강하제로 사용되었는데, 뜻밖에도 이 약을 투약 받은 환자의 70%는 발모가 촉진된다는 사실이 밝혀졌다. 현재 국내에서는 마이녹실이라는 이름으로 판매하고 있다. 미녹시딜의 작용은 확실치 않지만 머리가 듬성듬성 빠지는 대머리의 초기에 가장 효과가 좋다. 남성형 탈모증 초기에 사용하시면 탈모의 진행을 느리게 하거나 멈출 수 있고 종종 모발이 굵어지고 수가 증가할 수도 있다. 진행 초기인 젊은 사람에서 효과가 좋으며 정수리 부위가 전두부보다 효과가 좋다. 그러나 미녹시딜은 근본적인 치료제가 아니므로 평생 계속해서 발라야 한다. 사용을 중단하면 몇 달 안 가서 다시 머리털이 가늘어지기 시작한다.

• 프로페시아

프로페시아라는 약물은 원래 전립선암과 전립선비대증 환자에 사용하는 프로스카(Proscar)라는 약물과 동일한 약물이다. 그 성분은 피나스테라이드(Finasteride)로 남성호르몬인 테스토스테론 (testosterone)을 활성화 형태인 디하이드로테스토스테론(dihydrotestosterone)으로 바꾸어 주는 효소인 5알파-리덕타아제(5α -reductase)II형을 억제한다. 프로페시아는 바르는 약이 아니고 매일 한 알씩 먹어야하는 먹는 약이다. 현재까지 보고에 의하면 6개월 이상 복용하면 모발이 빠지는 것을 어느 정도 예방하며 두정부의 모발을 어느 정도 굵게 한다고 한다. 물론 복용을 중단하면 2달 이내에 원래의 상태로 돌아온다. 따라서 효과를 유지하려면 평생을 복용해야 한다는 단점이 있다. 약물효과는 미녹시딜보다는 훨씬 좋다. 그러나 보다 큰 문제는 부작용이다. 2년간 복용한 환자를 대상으로 한 조사에 의하면 일부에서 성욕감퇴가 있었다고 한다. 그러나 그 부작용은 미비한 것으로 밝혀지고 있다.

성장기 소년이나, 임신부는 복용을 삼가 해야 한다.

② 자가 모발 이식술

수술요법 중 가장 널리 이용되는 방법이다. 국소 마취 하에 시행되며 입원을 할 필요가 없으며 직장인들로 일상생활에 지장을 받지 않는다.

자신의 뒷머리에서 체취 한 모발을 모근 뿌리 채 심어주기 때문에 빠지지 않고 계속 자란다.

회당 1,000개~2,000개 정도 이식하는데 모근이 손상되면 시술자체가 헛일이 되므로 의료진의 경험과 노하우가 수술 성공률을 높이는 관건이다.

③ 두피 피판술

머리앞 부분에 (또는 뒷부분까지 포함) 남아 있는 머리카락을 두피와 함께 오려낸 뒤 머리카락이 없는 앞 이마 쪽을 덮어 이식하는 방법으로, 한번에 많은 면적을 커버할 수 있다. 국소마취 하에 실시하며 이 방법 또한 면적을 커버할 수 있다.

이 방법으로 수술하면 한번에 2만 개 이상 옮길 수 있어서 모발 이식을 5~6회 한 것보다 훨씬 효과가 좋으며 완전 정상 모발 밀도를 만들 수 있다.

위의 방법 외에도 두피 축소술, 두피 확장술, 약물요법 등이 있으나 개개인의 직업이나 사회적 활동상태 또는 대머리 형태에 따라 수술방법이 달라질 수 있어 숙련된 전문의와 상담하는 것이 좋다.

(2) 모발 관리법

촉촉하고 윤기 나는 건강한 모발을 갖는 것은 모든 사람들의 바람일 것이다.

모발관리를 할 때 가장 중요한 것은 모발의 손상을 최소화하는 것과 모발과 두피를 깨끗하게 유지하는 것이다. 모발손상을 최소화하는 방법으로는 머리를 빗을 때 언제나 두피에서 모발 끝 방향으로 빗어서 기름기가 골고루 코팅되게 하고, 스프레이, 젤, 무스 등은 모발에 손상을 주는 화학성분이 있으므로 두피에 닿지 않고 모발 끝에만 사용하고 너무 자주 사용하지 말아야 한다. 같은 이유로 퍼머나 염색, 강한 드라이 등도 모발에 손상을 준다. 탈모를 예방하고 아름다운 머리결을 위한 방법은 일단 탈모가 시작되면 그 증상은 어느 정도 지나서 멈추는 것이 아니라 오랜 시간을 걸쳐 꾸준히 지속된다. 그러므로 탈모가 일어나지 않도록 일상생활에 주의하여 예방하는 것이 효과적이다.

① 좋은 식습관

탈모를 예방하고 치료하는 과정에서 식이요법은 부작용을 걱정하지 않아도 되고, 부수적으로 전신적인 좋은 효과를 얻을 수 있다. 식이요법의 핵심은 음식을 통해 내분비계에 작용하여 호르몬의 분비에 영향을 주어 남성호르몬 생성과 활성화를 되도록 억제하는 것이다. 음식 중 특히 포화지방(동물성기름)과, 정제 설탕이나 당분이 많이 들어간 음식은 남성호르몬의 혈중농도를 높일 수 있기 때문에 최소화해야 한다.

• 모발성장에 좋은 음식

- 검은콩, 검은깨, 찹쌀, 두부, 우유
- 해산물 : 미역, 다시마, 김, 조개류, 새우류
- 과일, 야채류 : 사과, 포도, 복숭아, 배, 밤, 오렌지, 호두, 토마토 , 옥수수, 시금치, 쑥갓, 버섯, 미나리, 참깨, 파, 마늘, 생강, 구기자, 꿀
- 물 : 하루 2리터 이상
- 녹차

• 모발성장에 좋 지 않은 음식

- 가공식품 : 라면, 빵, 햄버거, 피자, 돈까스 등
- 커피, 담배, 콜라

- 단음식 : 설탕, 케이크, 생과자, 아이스크림
- 너무 맵거나 짠 음식
- 기름진 음식

● 탈모관리 식이요법

- 미역 : 갑상선호르몬의 활성효소인 요오드를 다량 함유하고 있어 미역을 삶은 물로 머리를 감거나 미역국을 자주 먹으며 탈모를 예방할 수 있다.
- 녹차 : 테스토스테론이 디하이드로-테스토스테론(DHT)으로 전환되는 것을 억제하는 효과가 있다.
- 양파즙 : 탈모 부위에 3분간 마사지 후 20분간 방치 후 미지근한 물로 샴푸하면 효과가 있다.
- 알로에 : 탈모 부위에 도포 후 건조시킨 후 샴푸하면 지루성 탈모에 효과가 있다.
- 검은깨 : 검은깨, 벌꿀을 매일 복용하면 육모효과가 있다.

② 올바른 생활습관

- 스트레스 : 스트레스가 지속적으로 쌓이게 되면 혈액의 흐름을 저해하거나 만성 피로가 누적되어 탈모의 원인이 되므로 스트레스를 해결하는 것이 탈모를 예방하는 방법이다.
- 운동 : 적절한 운동은 혈액순환과 만성 피로를 돕는 데 도움이 된다.
- 담배 : 니코틴이 폐의 기능을 저하시키고 혈액순환의 장애를 가져온다. 담배 1개피가 섭씨 1도의 체온을 내려가게 할 정도로 혈행을 저하시키기 때문에 두피에 나쁜 영향을 끼친다.
- 충분한 수면과 적당한 휴식을 취한다.

③ 올바른 머리손질법

모발 세정은 두피케어에 가장 중요한 단계다. 청결과 혈행개선을 위해 머리는 매일 감는 것이 좋다. 우선 탈모 전용 샴푸 등의 좋은 샴푸를 구입해서 사용한다. 샴푸를 머리카락과 두피에 골고루 묻혀 머리에 자극을 주지 않게 가볍게 손가락을 이용해 더러움을 제거한다.

린스는 두피에 닿지 않도록 머리끝부터 바른 뒤 헹궈내면 머리결이 한결 부드러워진다. 두피가 완전히 마르기 전에 머리를 묶거나 잠자리에 들면 두피에 박테리아가 생기기 쉽고 심하면 염증도 생길 수 있으므로 주의해야 한다. 퍼머나 염색은 가급적 피해야 한다 .

④ 두피마사지와 팩

두피의 경혈을 자극하여 모발에 직접 영양을 주거나, 두피에 혈액순환을 촉진시켜 주기 위하여 두피 마사지를 주기적으로 실시한다. 마사지는 보통 손가락지문이나, 브러쉬를 이용하는데, 특히 브러쉬를 이용할 때는 플라스틱 제품은 정전기를 띠므로 모발의 큐티클층을 파괴할 수 있기 때문에 동물의 털로 된 것을 고르는 것이 좋은데 천연 멧돼지 털이 가장 좋다고 알려져 있다. 이것은 멧돼지 털의 지방분이 머리카락에 윤기를 줄 뿐만 아니라 털의 딱딱함이 두피에 시원한 자극이 되고, 멧돼지 털의 큐티클은 인간의 것보다 훨씬 섬세하므로 불필요한 마찰을 억제할 수 있기 때문이다. 적당한 자극은 두피의 혈액순환을 도와 탈모나 두피 트러블을 예방할 수 있다. 손가락 끝에 힘을 주어 꾹꾹 눌러주면 지압점이 자극되기 때문에 두피건강에 도움이 된다. 또한 두피에 녹차 팩을 하게 되면 녹차의 카테킨 성분이 가려움이나 두피자극의 원인이 될 수 있는 피지성분의 산화를 방지해 건강한 두피를 유지할 수 있도록 해준다.

5) 탈모의 의학적 치료(Medical Treatment of Hair Loss)

탈모는 3개월에서 6개월 후에 중단되며 모발의 생산은 이후 6개월에서 18개월 사이에 일어난다. 만일 특정질환이나 결핍상태가 발견된다면 기저질환을 치료함으로써 탈모가 좋아질 수 있다. 남성형 탈모는 모발의 성장을 촉진시키는 것으로 알려진 finasteride(Propecia)를 처방하며, minoxidilspray를 병용할 수도 있다. finasteride(경구 처방)은 minoxidil spray처럼 머리를 손질할 필요가 없어서 환자의 순응도가 더 좋다.

Finasteride 1mg은 5-α reductase(type II)를 억제하여 DHT의 생산을 감소시킴으로써 효과를 발휘하는 것으로 알려지며, 6명 중 5명의 남성에게서 탈모의 진행을 억제하는 효과가 있었고 3명 중 2명의 남성에게서 모발을 다시 자라나게 하는 효과가 있는 것으로 보고되었다. Finasteride는 가늘어진 모발이 많이 있는 부위에 미용적인 효과가 좋다. 따라서 두정부쪽이 Finasteride의 효과가 더 좋다. Finasteride는 남성성을 나타내는 테스토스테론의 수준은 감소시키지 않으며 단지 탈모와 상관있는 DHT의 수준만을 떨어뜨린다. 복용시, 일어날 수 있는 모든 부작용은 일시적인 것이며 약을 중단하면 부작용은 완전히 사라진다. 고용량인 Finasteride 5mg(Proscar)은 10여 년에 걸쳐 전립선 비대 환자에게 사용되어 왔으며 매우 안전한 약으로 인정되었다. Finasteride는 환자의 두정부 모발에서 가장 효과가 좋으면 탈모의 진행을 늦추거나 탈모를 역전시키는 것으로 알려져 있다. 발모 효과를 유지하기 위해서는 날마다 Finasteride 1mg을 복용해야만 한다. 약을 중단하면 새로 자라난 모발이 12개월에 걸쳐서 다시 빠지게 된다.

Minoxidil은 원래 고혈압 제제로 사용되어 왔는데 이 고혈압제의 부작용 중에 발모가 있다는 것을 밝혀냄으로써 탈모약으로 이용되고 있다. Minoxidil 2% 용액을 두피에 바르는 치료는 10여 년 전부터 사용되어 왔으며, Minoxidil은 탈모를 중단시키거나 탈모의 속도를 늦추는 데 효과가 있으며 전두엽보다는 두정엽에서 효과가 더 좋은 것으로 알려져 있다. 보다 강한 농도인 Minoxidil 5%(extrastrength Rogaine)가 현재 나와 있으며 2% 용액보다 효과가 더 강력한 것으로 알려져 있다. 효과를 유지하기 위해서는 계속 사용해야 하며, 중단하게 되면 탈모과정이 원래처럼 돌아가, 1주 안에 머리가 빠지는 현상이 급속하게 나타나게 된다. Minoxidil과 Finasteride는 각각 단독으로 사용되거나, 각기 작용하는 기전이 다르기 때문에 함께 상용할 수 있다. 두피의 모발을 보존하기 위해서는 약제만을 사용할 수도 있지만 수술적 치료를 병행할 수도 있다. 여성 탈모를 방지한다고 선전하는 많은 상품들 중에서 FDA의 공인을 받은 유일한 탈모방지제는 Minoxidil 2%(Rogaine) 용액이다. 2% 용액은 날마다 하루 두 번 두피에 바르는 것으로 치료제가 효과가 있는지 없는지 판단하려면 약 6개월에서 1년 정도가 소요된다.

7. 일반적인 모발의 문제들

모발의 문제에 관해 사람들이 가장 고민하는 것은 모발의 양과 질의 문제에 관한 것이다. 질적인 문제에 있어서 가장 고민하는 것은 윤기, 부드러운 정도, 관리에 관한 것들이다. 머리에 관한 고민은 크게 탈모와 모발 관리 두 가지로 나뉜다.

두발관리에 쓰이는 모발관리 제품이나 이들의 효능에 관한 질문들은 대답하기 힘들뿐만 아니라 과학적인 근거를 제시하기 어려운 경우가 대부분이지만, 모발의 문제에 대해서 영향을 주는 요소들에 대한 정보를 제공하고 일반적인 상품에 대한 지침을 제공하는 것은 어렵지 않을 것이다. 이 장에서는 최근 모발에 관해 알려진 정보와 미용적인 측면에 대해서 다루도록 하겠다.

1) 윤기(shine)

사실 깨끗한 모발이 더러운 모발보다 덜 윤기가 난다. 그럼에도 불구하고 사람들은 윤기가 나는 모발을 갈망한다. 또한 모발의 윤기는 건강과도 밀접한 관계가 있다.

2) 큐티클의 질감(Cuticle Texture)

큐티클은 마치 나무껍질과 같이 모발을 싸고 있는 구조물이다. 매끄러운 모발은 큐티클들이 균일하게 겹쳐 있는 구조를 가지고 있다. 태양에 대한 노출이나 빗질, 화학제품은 큐티클의 구조를 느슨하게 만든다. 매끄러운 모발은 거친 모발보다 햇빛을 더 잘 반사한다. 즉 모발이 매끄럽다는 말은 큐티클이 모간에 잘 붙어 있다는 뜻이며 햇빛을 반사하기 때문에 보다 빛나 보인다.

3) 모발의 다공성(Hair Porosity)

모발의 다공성이란 모발이 수분을 흡수하는 정도를 뜻한다. 햇빛이나 빗질, 또는 화학제품 등에 의해 손상된 큐티클들은 분리되어 수분이나 화학물질들이 모간을 통해 뚫고 들어오기 쉬운 상태를 일으킨다. 이런 모발은 젖은 스펀지 같으면서 염색이나 퍼머, 스트레이트 등에 의해 보다 잘 손상된다. 심한 다공성 모발은 건조하고 부슬거리며 끝이 갈라져 있다.

4) 모발에 있는 먼지와 기타 외부 물질들(Dirt and other foreign material in the hair)

큐티클이 손상되면 먼지나 외부 물질들이 사이사이에 앉을 수 있다. 이는 모발의 햇빛을 반사하는 능력을 떨어뜨리며 윤기를 감소시킨다. 경수에 포함된 침전물 또한 큐티클들 사이에 침전될 수 있다.

5) 모발의 유분 함유량(Oil content of the hair)

피부에서 분비되는 유분과 땀, 그리고 컨디셔너에 들어있는 성분들은 모발의 불규칙한 사이를 매워 매끄럽고 빛을 잘 반사하는 표면을 가지게 만든다. 그래서 깨끗한 모발은 사실상 오염된 모발보다 덜 번들거리게 되는 것이다.

6) 모발 사이의 단백질 침전물(Protein deposits in the hair)

단백질 성분이 큐티클 사이에 침착하면 더 매끄럽고 빛나는 표면을 가지게 된다. 일부 제조업자들은 이런 효과를 노리고 제품에 동물성 단백질을 수화시켜 성분에 포함시키기도 한다. 이런 재료들은 제품 라벨에 대개 수화 콜라겐이나 수화 단백질이라고 명시하고 있다.

7) 모발의 굵기(Hair diameter)

모발이 굵으면 표면적이 넓어져서 빛을 반사하는 면적이 넓어진다.

8) 끝이 갈라진 모발(Split ends)

열모증(trichoptilosis)은 모발 끝이 갈라진 것을 뜻하며 평상시의 생활에서 발생할 수 있으며 화학약품 등에 의해서 발생하는 경우도 있다. 열모증 치료를 위한 많은 제품들이 현재 판매되고 있다. 접착성이 강한 실리콘액이 들어 있는 경우가 많고 이 제품들은 머리카락 끝을 일시적으로 결합시키지만 샴푸를 하면 실리콘액이 다 씻겨나간다. 콜라겐같은 단백질 성분이나 케라틴 또는 태반 성분이 들어 있는 컨디셔너는 잠시나마 열모증을 보강해 주고 치료하는 효과가 있는데 이는 단백질이 머리카락 속으로 들어갈 수 있을 정도의 입자로 수화되어 있기 때문이다.

8. 모발관리와 모발 제품들

머리가 산발이 되는 현상은 큐티클의 구조가 거칠거나 정전기 때문에 발생한다. 정전기는 빗질로 인해 머리카락이 음전하를 띨 때 발생한다. 머리카락들이 동일한 전하를 띠면 서로를 밀쳐내는 성질을 가지기 때문에 산발이 되는 것이다. 머리카락이 가는 사람은 굵은 사람들보다 산발이 되기가 쉬운데 이는 머리카락이 가늘면 무게당 포함하고 있는 섬유질의 수가 굵은 머리카락보다 많기 때문이다. 따라서 머리카락이 가는 사람들에게서는 서로 밀쳐내는 머리카락의 숫자가 머리카락이 굵은 사람들보다 많게 된다. 컨디셔너는 모간에 양전하를 전달하기 때문에 음전하를 중화시킨다. 전기적인 중화상태가 되면 머리카락이 직렬하면서 더 윤기있게 보이게 된다.

이렇듯 모발관리 제품의 일차적인 목적은 모발을 세척하고 관리를 쉽게 만드는 데 있지만, 시중에는 아주 다양한 기능을 가진 제품들이 나와 있다.

모발세정 시 사용되는 제품에는 주로 샴푸(Shampoo)와 컨디셔너(Conditioner)가 있으며, 헤어 스타일링 제품(Hair styling products)에는 머리를 스타일링 하기 이전에 머리를 정돈하기 위한 목적으로 사용하거나 또는 스타일링 후 고정을 위한 목적으로 사용하는 헤어젤, 헤어오일, 포마드, 헤어무스 등이 있다. 화장품 제조 회사들은 소비자들의 모발관리 제품에 대한 다양한 요구에 따라 소비자의 욕구를 충족시킬 만한 연구에 전념하고 있으며 새로운 제품들을 계속 생산해 내고 있다.

Beauty and Health

미용과 건강

CHAPTER

07

비만과 영양

1. 비만증의 개념

섭취 에너지가 소비 에너지보다 많아서 체내의 지방조직에 중성지방이 다량 축적되어 체중이 표준체중에 비하여 20% 이상 증가한 상태를 비만증이라고 한다. 비만이 문제가 되는 것은 비만도가 높을수록 사망률이 높아지고 당뇨병, 고혈압, 심장병 등의 성인병의 발병률이 높아지기 때문이다.

하지만 여기서 우리가 유의해야 할 것은 체중이 많이 나간다는 것이 꼭 비만은 아니라는 것이다. 왜냐하면 비만은 체지방의 양에 대한 개념이고 체지방의 양이 반드시 체중과 비례하지 않기 때문이다. 체격이 크거나 근육량이 많아서 체중이 많이 나가는 사람도 있기 때문이다.

그렇다면 체지방은 나쁜 것일까? 꼭 그렇지는 않다. 우리가 생명을 유지하기 위해서는 어느 정도의 지방은 필수적이다. 여기에는 다소 남녀의 차이가 나는데, 일반적으로 남자는 지방조직보다는 근육조직이 발달되고 여자는 근육조직보다 지방조직이 훨씬 발달되어 있다. 따라서 비만을 판정하는 데 남녀의 기준이 다르다.

남자의 경우 체지방량이 체중의 14~17%이면 정상, 여자의 경우는 이보다 5% 정도가 높아

19~22% 정도의 체지방량이면 정상이다. 비만이라고 하는 것은 체지방량이 범위를 벗어나 남자는 체중의 25% 이상, 여자는 30% 이상인 상태이다.

체지방은 나이를 먹어감에 따라 증가한다. 남자의 경우 30대에서는 약 18%, 40대에서는 22%, 50대에서는 24%의 지방조직이 증가하고, 여자의 경우 30대에서는 약 29%, 40대에서는 32%, 50대에서는 34%의 지방조직이 증가한다. 이것은 나이와 함께 운동량이 감소하고 신체가 필요로 하는 기초대사량과 에너지가 줄기 때문이다. 통계 자료에 의하면 남녀를 막론하고 대개 25세가 넘으면 활동량이 줄어들어 지방조직이 조금씩 증가하기 시작한다고 한다.

그러나 비만은 나이를 먹어감에 따라 자연스럽게 일어나는 하나의 현상이 아니다. 활동량을 늘리고 규칙적인 생활습관, 올바른 식습관을 지켜나가면 아무리 나이를 먹어도 비만해지지 않는다. 당연한 말이지만 필요 이상으로 많이 먹기 때문에 지방조직이 증가하는 것이고, 필요한 만큼의 운동을 하지 않기 때문에 근육조직이 감소하는 것이다.

물론 체지방이 어느 정도 이상으로 과잉 축적되어 비만이 유발되었다고 즉각적으로 건강상의 문제가 발생되는 것은 아니지만 비만인 경우 심장질환, 뇌졸중, 고혈압, 당뇨, 암, 관절염 등 각종 성인병의 발병률이 높아지고 그 자체로서도 용모의 손상이나 신체적 기능의 저하를 가져오기 때문에 비만은 이제 그 자체가 질병으로 간주되고 있다.

2. 비만의 원인

비만을 일으키는 원인은 유전적 요인, 환경적 요인, 심리적 요인, 대사 장애에 의한 병적 요인 등 다양한 원인들이 복합적으로 작용하여 나타나는 것으로 알려져 있다.

(1) 유전적 원인

비만은 유전적 요인에 의하여 발생하는 경우도 있다. 그 근거는 특정 가족이나 인종에서 비만율이 높고, 일란성 쌍둥이가 각각 다른 환경에서 자라도 체중증가의 형태나 체지방의 형태가 비슷하다는 것이다. 그리고 부모 양쪽이 비만인 경우 자녀가 비만일 확률이 약 80%이며, 한쪽이 비만인 경우 자녀가 비만일 확률이 약 40%이고, 양쪽이 정상인 경우는 자녀가 비만일 확률이 약 10%라고 한다.

유전에 의한 비만은 지방세포수의 증가와 지방세포의 크기가 커지는 것의 혼합형으로 그만큼 살빼기가 힘들다는 것을 의미한다. 특히 부모가 비만인 경우 자녀가 비만 될 확률이 높은 것은 그 가정의 식습관에 의한 영향이 유전적 요인과 복합적으로 작용하여 나타나기 때문이다.

(2) 환경적 요인

비만은 유전적인 요인을 제외하더라도 식생활습관, 문화적, 사회경제적 상태와 관련된 다양한 환경적 요인이 음시섭취나 신체활동에 영향을 미쳐서 비만을 유발하기도 한다. 현대사회는 많은 칼로리 식품에 쉽게 노출되는 환경을 제공하고 있으며, 생활양식은 주로 앉아서 하는 것이 많아지면서 비만이 더 발생되는 것으로 보인다. 사회경제적 지위가 낮을수록 비만의 발생이 높다고 알려져 있는데, 이것은 지위에 따른 음식의 선택취향이나 질과 관련된 환경적 요인이 원인이다. 그러나 저개발 국가에서는 사회적 지위가 높을수록 열량섭취가 많아 비만의 발생이 높은 경향을 보인다.

그 외에 앉아서 생활하는 경우의 운동부족, 외식산업의 발달과 소득증대로 인한 잦은 외식, 인스턴트식품이나 패스트푸드의 섭취, 섬유질 섭취부족 등도 생활환경에 의한 비만이 되기도 한다. 특히 어린이들의 비만은 외식으로 인한 에너지 섭취가 일부 원인인 것으로 알려져 있다.

(3) 심리적 원인

비만증 환자에게서 흔히 감정의 미숙, 부모의 과잉보호, 열등의식 등을 볼 수 있으며, 사회의 적응곤란, 학업성적 불량, 부모의 사랑이 결핍된 경우에도 불만을 해소하기 위한 수단으로 음식물 섭취가 과다하여 비만이 오는 경우도 많다. 즉, 음식섭취에 대한 욕구현상은 탈피하거나 주의를 끌거나 동정을 받기 위하여 하는 도전적인 행동의 일종이다. 따라서 이러한 심리적 문제들이 비만의 원인이 될 수 있다.

(4) 식사습관

소비열량과 섭취열량이 균형을 이루면 체중의 변화는 없다. 현대사회의 비만의 원인은 과식, 대식 그리고 야식이라고 해도 과언이 아니다. 과식은 그 사람이 소비하는 열량에 비하여 더 많이 섭취한다는 사실로 대식과는 구별되어야 한다. 아무리 적은 양의 음식섭취를 하였다고 하더라도 자신이 소비하는 열량보다 많다면 과식이 되는 것이다. 많은 사람들이 자신은 음식섭취를 적게 하기 때문에 과식하지 않는다고 말하지만 그것은 그 사람의 소비열량을 파악하고 난 후에 결정할 일이다. 반대로 아무리 많이 먹어도 마른다는 사람이 있다. 이런 사람은 호르몬에 이상이 있거나 자기로서는 과식한다고 느끼고 있으나 실제로는 섭취한 열량보다 소비한 열량이 많은 경우이다. 그리고 하루 정도는 과식할지는 모르나 장기적으로 보면 소비한 열량이 섭취한 열량보다 많기 때문에 열량섭취가 부족한 경우가 많다.

불규칙적인 식생활은 에너지의 효율성을 떨어뜨리기 때문에 신체에 지방을 축적하려는 성향이 강해진다. 음식물은 체내로 들어온 후 약 2시간 동안 인슐린이 분비되는데, 이때는 지방분해가 정지되고 축적이 일어난다. 특히 식사와 식사 중간에 섭취하는 간식은 하루 종일 인슐린을 분비시켜 지방을 분해할 기회를 주지 않는다. 또한 야식은 지방을 축적시키는 부교감 신경이 밤에 활발해지기 때문에 비만의 원인이 된다.

이외에도 음식을 빨리 먹는 습관, 몇 차례 끼니를 굶었다가 한꺼번에 폭식하는 경우도 비만을 일으키는 원인이 된다.

(5) 운동부족

신체적 비활동이 과다한 칼로리 섭취보다 비만에 더 중요한 요인이 된다는 증거가 있다. 음식물 섭취가 운동 시 소비된 열량과 정상적인 하루 일과 중에 소비된 열량을 합한 값을 초과하지 않는다면 운동에 의해 비만이 예방될 수 있다는 것은 확실하다. 그러한 조건이 운동에서 초래될 수 있다는 것은 습관적으로 활동적인 사람의 신체구성과 비활동적인 사람의 신체구성을 비교할 때 뚜렷하다.

중량운동을 한 운동집단은 체중이 증가하면서 정상적인 신체지방을 유지하는데 비하여, 조깅과 같은 유산소 운동에 참여하고 있는 운동집단은 정상치보다 낮은 신체지방률을 나타낸다. 또한 운동집단과 비운동집단을 비교하면 운동집단이 적은 지방량과 많은 순수 근육량을 보인다.

과다한 신체지방을 가지고도 운동을 하지 않고 성장하는 소년, 소녀들의 체중은 대체로 규칙적인 운동에 의해서 영향을 받지 않는다. 그러나 항상 그런 것들은 아니지만 일반적으로 볼 때 훈련된 피검자는 지방조직의 성장은 적고 순수한 근육조직의 성장은 더 많다.

(6) 운동과 음식 섭취

운동자의 신체상태, 운동능력정도, 목적에 따라 달라져야 하며, 고강도의 운동을 매일 하는 것은 피로를 유발하며 건강의 손상이 우려될 수 있으므로 건강증진의 효과를 위해서는 1주에 3~5회가 적당하다. 또한 미국스포츠학회(ACSM)에서는 운동능력이 5METs 이상인 경우는 주에 약 3회 실시를 추천하였다. 즉, 주당 3~4회 운동을 일정간격으로 유지하여 지속하는 것이 중요하다. 또한 운동을 위한 적정시간으로는 하루 중 어느 때도 상관없으나 식사 후 2시간 후에 운동할 것과 운동 후에는 약 1시간 후에 식사할 것을 권장하고 있다. 그러나 당뇨가 있는 경우 저혈당의 우려가 있어 식후 30분 후에 하는 것을 권장하고 있다.

3. 비만의 분류

1) 연령에 따른 분류

연령에 따른 비만은 소아기, 사춘기, 성인기로 구분할 수 있다. 영유아기 중 출생 후 1년간은 지방세포의 크기가 두 배 가까이 증가하며 지방세포의 수적인 증가는 거의 없다. 그러나 4세에서 11세 사이에는 지방세포가 수적인 증가를 동반하여 이때 발생한 소아비만은 일생 동안 비만이 지속되는 경향을 갖게 된다. 청소년기에는 대개의 경우 사춘기 말에 대부분의 비만이 시작되며, 이때는 패스트푸드, 인스턴트식품 중 고칼로리의 간식류를 과다 섭취하여 비만이 발생한다. 성인의 비만은 남녀 모두 활동량의 간소가 주된 원인이며 여성의 경우 임신과 출산 후에 체중 증가가 지속되는 경우와 호르몬 변화가 비만의 원인이 되기도 한다. 성인의 비만은 대개 50대까지 지속되며 그 후 노년에 접어들면 서서히 체중의 감소를 보인다.

인간의 체지방 비율의 변화를 연령별로 나누어 보면, 신생아의 체지방률은 평균 10~15%정도이다. 출생 후 체지방의 축적은 급속히 시작하여 생후 1년 동안 가장 높다. 1세에서의 체지방율은 평균 20~25% 정도이다. 그 후 점차 감소하다. 사춘기가 되면 다시 증가하는데 특히 여성은 호르몬 변화가 많은 2차 성숙기에 급격히 증가한다. 20세 이후에는 별로 증가하지 않고 이때 살이 찌는 것은 지방세포의 수가 증가하는 것이 아니라 지방세포의 크기가 증가하는 것이다.

소아비만은 성인이 되었을 때 성인비만으로 이어질 확률이 높고 어린 나이도 합병증이 동반될 우려가 높아 주의해야 한다.

2) 비만의 원인에 의한 분류

(1) 유전적 요인

특정 가족이나 인종에서 비만율이 높고, 부모 양쪽이 비만인 경우 자녀가 비만일 확률이 약 80%이며, 한쪽이 비만인 경우 자녀가 비만일 확률이 약 40%이고, 양쪽이 정상인 경우는 자녀가 비만일 확률이 약 10%라고 한다.

입양아와 쌍생아 등을 대상으로 한 연구에서 유전적 소인의 관련성이 상당 부분 존재함을 알 수 있으며, 체지방량의 결정에는 유전적 소인과 환경요소 모두가 관여하고 체내의 지방 분포에는 유전적 요소가 매우 중요하다.

(2) 내분비적 요인

식욕과 포만을 관장하는 시상하부의 복측 내부의 손상은 식욕 및 포만감 조절의 이상으로 인한 과식증을 초래한다. 뇌수술, 뇌손상, 종양 및 염증성 질환 등이 그 원인이 될 수 있다. 다낭성 난소증후군도 내분비 기능 이상을 통한 비만을 초래하여 갑상선기능 저하증, 쿠싱 증후군, 성선 기능 저하 등이 내분비적 비만의 대표적인 원인들이다.

(3) 식습관 요인

식생활습관, 문화적, 사회경제적 상태와 관련된 다양한 환경적 요인이 음식섭취나 신체활동에 영향을 미쳐서 비만을 유발하기도 한다. 현대사회는 많은 칼로리 식품에 쉽게 노출되는 환경을 제공하고 있으며, 생활양식은 주로 앉아서 하는 것이 많아지면서 비만이 더 발생되는 것으로 보인다. 앉아서 생활하는 경우의 운동부족, 외식산업의 발달과 소득증대로 인한 잦은 외식, 인스턴트식품이나 패스트푸드의 섭취, 섬유질 섭취부족 등도 생활환경에 의한 비만이 되기도 한다.

(4) 운동부족에 의한 비만

섭취하는 에너지의 양이 소비하는 에너지의 양보다 많으면 당연히 비만의 원인이 된다. 그러나 운동부족은 에너지의 소비량의 감소는 물론, 신진대사율의 저하를 초래할 뿐만 아니라 에너지를 소비하는 근육의 양을 감소시키므로 결과적으로 비만의 원인이 된다.

(5) 호르몬에 의한 비만

생체에너지원이 되는 글루코스의 생산, 염증의 억제, 우울상태의 개선 등 좋은 작용을 하는 글루코코티코이드는 생물의 존재에 매우 중요한 역할을 한다. 처음 긴장 상황에서는 아드레날린이라는 호르몬농도가 상승한다. 이 상황이 장시간 지속되면 노아드레날린(noradrenalin) 분비가 많아진다. 그리고 스트레스를 받으면 글루코코티코이드(glucocorticoid, 당질 코티코이드) 농도가 상승하고 스트레스가 너무 강하거나 오래 지속되면 글루코코티코이드가 장시간 분비된다. 글루코코티코이드가 과다 분비되면 단백질을 과다하게 소비하게 되어 상처가 잘 낫지 않게 되고, 근육수축, 불필요한 혈당상승, 위점액감소, 자율신경에 의한 위 혈류량저하 등이 일어나고, 나아가 위궤양 등이 나타날 수도 있다. 우울상태에 있는 사람은 글루코코티코이드농도가 높은 경향이 있다.

글루코코티코이드가 계속 생성되면 다른 호르몬의 분비가 정상적으로 이루어지지 않아 발육지체, 고환이나 난소의 위축, 월경정지, 탈모 등의 증상이 나타난다. 또 가슴샘(흉선)이 위축되고 림프구가 소실됨으로써 면역력이 저하되어 암으로 발전하는 경우도 있다.

한편 글루코코티코이드에 포함된 코티졸(cortisol)은 시상하부(뇌)에서 식욕을 증진시키는 신경펩타이드Y를 촉진시키고, 반대로 식욕을 억제하는 부신겉질자극호르몬분비촉진호르몬

(corticotropin-releasing hormone : CRH) 분비를 억제한다. 이 때문에 식욕이 증가하고 칼로리를 너무 많이 섭취하게 되어 비만으로 이어진다.

코티졸이 과다 분비되면 배나 어깨에 지방이 묵직하게 쌓여 소위 '내장지방 축적형 비만'이 된다. 전신의 밸런스로 봤을 때 배만 뚱뚱하게 살이 찐 사람이 이 내장지방 축적형 비만의 전형적인 예이다. 이들은 내장지방이 배에 잔뜩 붙어있고, 근육은 위축되어 팔다리는 가늘다. 근육량도 저하되어 있으므로 더더욱 움직이지 않게 된다.

(6) 사회, 경제 등 환경요인에 의한 비만

상류계층에서 보다 하류 계층에서 비만의 발생이 많고 고등교육을 받은 계층보다 받지 못한 계층에서 비만의 발생이 높다. 원인에 대해서는 이론이 많지만 열등감이나 스트레스, 인스턴트식품 섭취, 여가 활용을 통한 운동량의 부족 등이 지적되고 있다.

4. 운동과 비만감소

지방(지방조직)은 triglyceride로 채워진 많은 세포로 이루어진다. 지방조직의 양은 세포 수의 증가나 세포크기의 증가에 의해 증대될 수 있으며 사람에게 지방세포 수는 16~18세까지 증가하고 난 후 성인이 되면 일정하게 유지된다. 세포분열이 멈춘 후 체지방의 증가는 지방세포 크기의 증가에 기인한다. 성장기와 더불어 체지방비율은 여성, 남성 모두 중년기, 노년기까지 연령이 증가하면서 증가한다. 신체의 근육조직의 양은 30세 이후부터는 시간이 경과함에 따라 감소되기 때문에 지방의 일정한 비율을 유지하기 위하여 노력해야 한다.

스트레스성 비만의 경우 스트레스를 해소하는 매우 좋은 방법이다. 적당한 운동은 근육을 단련시킬 뿐만 아니라 체내 장부를 활성화한다. 특히 팔다리의 운동은 비위의 기능을 좋게 할 뿐만 아니라 기혈이 원활하게 순환하도록 한다. 또한 운동 할 때 나는 땀은 체내 노폐물을 배출하고, 정신적 개운함을 주어 스트레스를 해소하는 데 매우 좋은 효과가 있다. 다양한 운동법이 있겠지만 일반적으로 걷기, 특히 빨리 걷기가 비만에 좋은 효과가 있다고 알려져 있다. 항상 운동은 자신의 신체 상태에 따라 융통성 있게 해야지 너무 욕심을 부리지 않는 것이 중요하다.

특히 운동 중 산소유리기의 생성 및 활성도는 운동의 강도와 기간에 가장 크게 영향을 받는다. 산소유리기의 활성도에 영향을 미치는 요소로는 근육과 간, 심장, 미토콘드리아의 활성도 등이고 혈액순환과도 관련이 있다. 이 같은 운동 강도와 기간에 따른 산소유리기 생성의 차이는 유산소운동과 무산소운동에서 각기 다르게 나타나게 되며, 유산소운동과 무산소운동에서 미토콘드리아 산소 호흡률의 차이를 가져오게 된다. 즉 짧은 기간 동안 높은 강도로 시행하는 운동은 산소유리기의 생성을 늘리면서 미토콘드리아 산소 호흡률을 낮추기 때문에 기본적으로 무산소운동에 해당하며, 반면 낮은 강도의 지속성 운동은 산소유리기의 생성을 보다 낮추면서 미토콘드리아의 산소 호흡률을 높이게 되므로 유산소운동에 해당한다. 즉 무산소운동에서는 산소유리기의 생성이 늘어나면서 미토콘드리아에서의 산소호흡은 낮은 수준으로 이루어지게 되어 산소 스트레스가 작용하게 된다. 반면 유산소운동에서는 산소유리기의 생성이 적게 이루어지면서 미토콘드리아에서의 산소호흡이 높은 수준으로 이루어지게 되어 산소 스트레스, 곧 운동으로 인한 산화가 적게 일어나게 된다. 즉 유산소 운동은 저 강도의 지속적인 운동으로 에너지원인 글리코겐과 지방을 연소시키는 원리로 적용된다. 또한 근육 운동 시 산소를 이용하여 에너지를 얻는 운동으로 대체로 체지방 소모에 가장 효과적인 방법이며 누구나 쉽게 할 수 있는 운동이다. 유산소 운동은 저강도의 지속성 운동은 산소유리기의 생성을 보다 낮추면서 미토콘드리아의 산소 호흡률을 증가시켜 심폐 기능에 효과적이다.

5. 비만의 치료

비만은 성인병을 유발할 뿐만 아니라 외모에 대한 자신감을 잃게 하고, 자긍심에 손상을 주기 때문에 정신적으로 장애를 일으켜 건강하고 즐거운 삶에 방해가 된다. 비만의 치료목적은 체중을 감소시켜 정상적인 체중을 유지하게 하는 것이다. 비만 치료요법에는 식이요법, 운동요법, 행동요법이 있다.

1) 식이요법

비만은 우선 섭취열량이 소비열량보다 많기 때문이다. 따라서 열량 소모량에 비하여 적게 먹으면 체중조절이 된다. 열량이 적은 식품을 먹거나, 열량이 많은 식품은 조금만 먹으면 된다. 그러나 체중조절을 하기 위하여 먹는 것을 극히 줄이거나 특정한 식품이나 영양소를 과다 섭취하면 영양의 균형이 깨져 건강을 잃게 된다.

참고

체중조절을 위한 식생활 지침

- 열량 섭취량과 운동량을 적절히 유지한다.
- 규칙적인 식습관을 갖는다.
- 영양소가 균형을 이루는 식사를 한다.
- 다양한 음식을 섭취한다.
- 비타민, 무기질, 식이섬유, 물 등이 풍부한 식사를 한다.
- 지방질이 많은 음식을 조금만 섭취한다.
- 포화지방산보다는 불포화지방산을 섭취한다.
- 당분, 염분, 카페인, 알코올 섭취를 줄인다.
- 물을 많이 마신다.
- 여유가 있는 식사를 한다.
- 고열량 식품이나 junk food의 섭취를 줄인다.

2) 운동요법

소아 비만 치료에 좋은 운동으로는 유산소운동인 걷기, 조깅, 계단오르기, 자전거 타기, 줄넘기, 수영, 스케이트 등이 있다. 규칙적인 유산소 운동은 심폐기능을 향상시키고 혈액량과 혈색소량의 증가를 가져오며, 정신적으로 긴장과 불안이 해소되고 우울한 기분이 줄어 자신감을 증진시킬 수 있다.

또한 하루 한 시간 이내의 규칙적인 운동은 오히려 식욕을 감소시킨다. 운동은 일주일에 3~5일 매일 1시간씩 규칙적으로 하는 것이 좋다. 규칙적인 운동을 할 수 없는 경우에는 하루에 2시간 정도 실외에서 친구들과 활발히 놀게 하는 것만으로도 충분히 비만을 예방하고 치료할 수 있다.

3) 행동요법

음식을 빨리 먹거나 한끼를 몰아 식사하거나, 다른 일을 하면서 음식을 먹거나, 야식을 먹는 등의 나쁜 습관은 바로 잡아 주고, 식사 일기나 운동 일기를 쓰도록 하여 자기관철을 할 수 있도록 지도해 올바른 습관을 길러주는 것이 행동요법이다. 이는 소아 비만이 아이의 문제가 아니라 가족의 문제로 서로 협력하여 잘못된 습관은 수정하고 좋은 습관은 길러 주어야 한다.

Beauty and Health

미용과 건강

CHAPTER

08

체온과 질병의 관계

1. 체온

1) 체온의 의의

우리의 체온이 36.5도씨 전후로 일정하게 유지되고 있는 것은 우리의 대뇌 안의 시상하부라는 곳에 체온을 조절하는 중추가 있기 때문이다. 이것은 둘로 나뉘어 있는데 하나는 체온을 만들어 내라고 명령을 내리는 곳이다. 다른 하나는 체온이 정상체온보다 높게 올라가면 땀을 분비하여 체온을 방출하라고 명령하는 곳이다. 이 2개의 기능이 잘 조화되어 정상적인 체온이 유지되고 있는 것인데, 이러한 기능이 여러 원인으로 말미암아 제대로 수행되지 않으면 열이 나게 된다.

체온이 일정하게 유지되는 동물은 사람과 항온동물이 있다. 그러나 이들도 신체의 부위에 따라 온도가 다르다. 시상하부의 체온조절 중추는 기온이 올라가면 피하혈관에 확장을 명령해 체열발산을 유도하고 반대로 기온이 떨어지면 혈관의 수축을 명령한다.

그러나 무더위가 계속되면 땀의 도움을 받아야 되는데 땀 1cc가 증발하는 데에는 580cal의 열량이 체열로부터 빠져나간다.

체온의 변화를 감지하여 정상적인 체온으로 회복시키는 데 무엇이 작용했는지 알아본 바로는 체온이 상승할 때 뇌의 체온조절중추(시상하부)에 의해 대사율이 감소, 근육활동 감소, 땀 분비 증가, 피부혈관확장으로 열 방출 증대 등으로 정상체온이 회복되며, 체온이 내려갈 때는 대사율이 증가, 근육활동 증가(흔히 추우면 덜덜 떠는 행동), 피부혈관이 수축, 땀구멍이 닫힘(피부의 돌기가 나타나는 현상 흔히 닭살이 돋았다고 말함) 등으로 열 생산이 증가된다. (열의 방출 억제 등으로 정상체온 회복)

사람은 온도에 민감하다. 몸의 온도가 적당하지 못하면 여러 가지 문제들이 발생한다.

제일 큰 문제는 호르몬의 이상 분비현상과 순환의 정체로 인한 탁한 혈액들이 발생하여 우리의 몸을 아프게 하거나 피부가 거칠어지거나, 피부의 노화가 빠르게 진행이 된다.

(1) 체온

모든 질병과 노화는 "체온저하"와 함께 진행한다.

- 생명력이 강한 아기일 때는 체온이 따뜻하고 높다.
- 하루 중 체온이 가장 낮은 오전 3~5시 사이 사람의 사망률이 가장 높다.
- 암이 생기는 원인도 체온저하와 큰 관계가 있다.

(2) 체온과 면역력의 관계

- 정상체온 : 36.5 ~36.8℃
- 체온이 1℃ 내려가면 : 면역력이 30% 떨어진다.
- 체온이 1℃ 올라가면 : 면역력이 5배가 증강된다.

(3) 체온과 질병

- 39.5℃ : 암세포 활동약화
- 36.5℃ : 면역력 상승
- 36℃ : 떨림증상 등
- 35.5℃ : 배설기능 저하, 알레르기, 자율신경 실조증
- 35℃ : 암세포가 가장 잘 증식
- 33℃ : 동사직전 환각
- 30℃ : 의식상실
- 29℃ : 동공확대
- 27℃ 이하 : 사체의 체온
- 체온 1~2도 상승은 발병 신호

(4) 염증

항온동물인 인간에게 바이러스·세균 등이 침입하면 몸에 열이 난다. 그 이유는 병원균의 독성이 혈액 속에서 발열물질 생성을 자극하기 때문이다. 대표적인 발열물질은 프로스타글란딘 E2(PGE2)이다. 그래서 아스피린 등 대부분의 해열제도 이 물질을 차단하는 원리로 효능을 낸다. 하지만 이런 발열 반응은 인체의 방어작용이라는 지적이다. 세균들은 높은 온도에서 잘 자라지 못하는 경향이 있기 때문이다. 따라서 체온이 올라간다는 것은 그 자체가 병이 아니라, 병에 걸렸다는 것을 알려주는 신호이며 동시에 방어작용이다.

(5) 연령과 신체부위별 체온

정상 체온은 겨드랑이에서 36.5도, 직장에서 37도이다. 구강은 그 중간이다. 밤에는 낮보다 최대 1도 정도 낮다. 그러나 하루 중 체온 차이가 1도 이상이면 이상 증세로 간주된다.

체온은 나이가 어릴수록 높다. 보통 1세 이하는 정상 체온이 37.5도, 5세 이하는 37도이며, 일곱 살이 넘으면서부터 36.6~37도가 유지된다. 그러다 노인이 되면 청·장년 때보다 약간 낮아진다. 특히 노인들은 체온을 조절하는 모세혈관 기능이 약화되고 기초 대사율이 감소된다. 따라서 저(低)체온증의 위험성이 있어 항상 보온에 신경써야 한다.

근육운동은 열 생산을 증가시켜 마라톤 등 심한 운동 후 체온은 일시적으로 39~41도까지 올라갈 수 있다. 또한 스트레스도 호르몬과 신경전달물질 등을 자극, 체온을 증가시킨다.

(6) 발열

체온이 1도 올라가면 체내 대사율은 10~12% 증가한다. 그에 따른 수분 손실도 500~1,000㎖이다. 따라서 열이 나면 물과 영양 섭취를 충분히 해야 한다.

한 번 해열제를 먹으면 열이 떨어질 때까지 꾸준히 먹는 것이 좋다. 이미 내렸던 열이 다시 올라갈 경우 환자가 더 힘들어 할 수 있다. 아스피린은 바이러스로 인한 열병을 앓는 소아에게는 피하는 것이 좋다. 약물로 인해 뇌손상이 유발되는 '라이증후군'이 올 수 있다. 또 혈액응고 장애·위궤양 등이 있는 경우도 아스피린이 출혈을 유발할 수 있어 피해야 한다.

열이 날 때 미지근한 물로 몸을 닦아주면 피부 혈관이 늘어나 열 발산이 많아지고, 물이 증발하면서 열을 빼앗아 체온이 효과적으로 떨어진다. 찬물은 도리어 혈관을 수축시켜 열 발산을 막는다. 만약 열이 4일 이상 지속된다면 병원을 찾아야 한다.

해열제를 먹고 3일 정도 지나도 열이 내리지 않는다면 그 원인을 반드시 찾아야 한다. 열은 감기 등 바이러스 감염부터 암·심근경색·내분비질환 등까지 원인이 다양하다. 체온이 39도

이상이거나 오한이 있을 때는 심한 열병일 가능성이 높다. 당뇨·심장병 등 만성질환자 또는 노령자의 급성 발열은 합병증을 예고한다. 열과 함께 누렇거나 검붉은 가래가 나오고 숨이 찰 때는 만성기관지염이나 폐렴을 의심해 볼 수 있다. 자주 소변이 마렵고 옆구리가 아프다면 신장염을, 연이어 여섯 번 이상의 설사를 하거나 설사와 함께 피가 나올 때는 이질 등 설사병이 염려된다. 소아의 경우 발열과 함께 두통을 호소하고 토할 때는 우선 뇌막염을 의심해야 한다. 그러나 희거나 맑은 콧물이 있고, 코가 막히는 듯하면서 목이 아프고 마른기침이 나올 때, 설사를 하지만 하루에 세 번 이하일 경우는 단순열감기일 가능성이 높아 집에서 치료해도 괜찮다.

2) 체온의 변동요인

체온은 1주기 리듬과 연령, 성주기에 따라 변한다. 체온에는 하루 동안의 리듬이 있는데 1주기 리듬이라 한다. 아침 3~6시와 오후 3~6시에는 0.7~1.2℃의 변동폭이 있다. 수면과는 관련이 없으며 생체리듬 조절의 기능에 의한 것이다.

신생아는 체온조절 중추기능이 발달되지 않았기 때문에 환경온도에 딸 체온 변화가 쉽게 되고 체온조절이 안정되는 시기는 생후 6개월이다. 성인과 같은 체온조절 기능을 가지는 시기는 10세 전후이며 노인화 될수록 체온은 저하된다. 여성의 경우 배란일에 일시적으로 체온이 낮아진다. 그 밖에 음식을 먹고 난 30~90분경에 체온이 상승하는 데 음식물의 특이적 역학 작용이라 한다.

3) 고체온증

울열과 발열이 있는데 울열은 전달받는 열이 매우 크거나 심한 운동으로 열 방출기전을 최대한 작용시켜도 온도가 상승하는 고체온증을 울열이라 한다. 울열 상태가 장시간 지속되면 열 때문에 2차적 체온조절이 장애를 일으키는데 이것을 열사병이라 한다. 발열은 체온조절 중추기능의 이상으로 설정온도가 높아져서 체온이 정상보다 높아지는 상태라 생각된다. 체온이 상승하는 시기에 외부기온이 급하강하면 심한 추위를 느끼는데 이것을 '오한'이라 한다.

4) 저체온증

저체온증은 특히 습하고 바람이 부는 추운 옥외에서 장시간 노출되었을 때 발생한다. 움직이는 공기는 정지한 공기보다 냉각 효과가 더욱 크며, 소위 바람과 추위의 두 가지 요인("Wind-Chill Factor")은 더욱 위험하다.

환경온도에 따라 체온이 점차 하강하는 경우를 우발적 저체온증이라 한다. 직장 온도가 35℃ 이상이면 심장기능 이상, 30~29℃에 이르면 의식을 상실하고 27℃이면 사망한다. 저체온증은 꼭 겨울에만 발생되는 것은 아니다. 인간의 신체는 계통 발생학적으로 거의 일정한 온도의 '내부환경'을 갖게끔 설계됐다고 한다. 외부의 기온이 아무리 낮아도 건강한 인체는 신진대사에 의한 열을 발생시켜 섭씨 36.5도의 체온을 유지하게 된다는 것이다. 하지만 이 기능도 한계가 있다. 피부가 지속적으로 찬 공기에 노출돼 빼앗기는 열량을 자체 생산 열량으로 도저히 보충하지 못할 경우 체온이 서서히 떨어진다. 특히 섭씨 31도 밑으로 내려가면 혼수상태, 호흡부전을 겪게 되며 결국 사망에 이르게 된다.

저체온증이 집안에서 발생하는 경우는 난방이 잘 되어 있지 않은 집에서 며칠씩 있을 때 발생한다. 유아나 연약하고 마른 노인에서 특히 잘 발생한다. 거동이 불편하고 만성질환을 앓고 있거나 피곤, 공복, 탈수상태이면 더욱 위험하다. 차가운 물에 빠진 경우 사인은 익사보다는 체온저하이다. 신체가 차가운 물에 들어가 있는 경우에는 건조한 공기에서보다 냉각 효과가 30배 가량 빠르고 결국 위험한 정도까지 체온이 저하되는데 그만큼 짧은 시간이 걸린다. 이처럼 인체가 차가운 물에 들어가 있는 경우 저체온증에 걸릴 확률이 높아진다.

5) 체내에서의 열 생성

체내의 열은 섭취한 영양소가 대사될 때 발생한다. 활동에 소비되는 것은 25~30% 정도이고 모두 열로 변한다. 체내온도가 안정적일 때는 열 생성 기전이 작용하지 않아도 체내 열 생성량만으로 체온을 유지시킨다. 저온의 경우는 열 방출량이 증가되므로 기초대사만으로는 열이 유지가 되지 않아 떨림 현상이 나타난다. 떨림은 골격의 신근과 굴근이 동시 수축하여 짧은 율동적 주기로 반복되는 현상이다.

발한은 환경온도 상승 시 적극적으로 증발에 의한 발산량을 증대시키는 구조이다. 인체에서의 발한되는 부분은 에크린 땀샘, 겨드랑이, 회음부, 얼굴 일부분이며 체온조절과 관계있는 것은 아포크린 땀샘이다. 정신 작업 시나 긴장될 때 나오는 땀을 정신성 발한이라 하는데 체온 조절과는 큰 상관이 없다.

6) 열 발산

생성된 체온이 외부로 발산되는데는 인체나 주위의 물체들이 발생하는 전지파를 서로 주고받음으로써 변하는 열의 복사, 피부표면의 공기에서 일어나는 대류, 물체에 접촉하여 열이 이동하는 전도, 피부나 호흡을 통한 증발 등의 방법으로 체열이 발산된다.

피부는 약 7cm 두께의 공기 경계층이 형성되어 있어서 열의 이동이 적다. 그러나 피부표면의 공기에서 대류가 일어나면 피부표면의 공기가 바뀌어 열발산이 촉진된다.

온도가 높아지면 혈관이 확장되어 혈류의 열을 빠르게 떨어뜨리고, 반대의 경우 혈관이 수축하여 혈류가 감소해 열의 발산량이 감소한다.

7) 체온을 상승시키는 방법

(1) 반신욕

쌀쌀한 겨울이 다 지나가고 따뜻한 봄이 다가왔는데도 아직도 몸에 열을 내기위해 열심히 노력 중인 사람들이 있다. 바로 몸과 온도 사이의 오묘한 관계를 파헤쳐 체중까지 감량하고 싶어하는 체온다이어트에 집중하고 있는 사람들, 최근 '핫요가' 같이 체온을 상승시키는 것에 중점을 둔 운동법도 체온다이어트의 효능을 위해서라고 볼 수 있다. 몸속 장기의 온도가 1도 올라가면 우리 몸의 기초대사량이 15% 증가한다는 사실이다. 사람 생명을 유지하기 위해 하루에 소비하는 에너지량인 기초대사량은 일반 성인 남성의 경우 1,200~1,600kcal. 여성은 1,000~1,300kcal 정도이다. 때문에 체온을 1도만 올려도 남성의 경우 180~230kcal가 소모된다는 원리, 게다가 체온상승의 다이어트 효과는 이 뿐만이 아니다. 또한 체온이 올라가면 식욕이 억제되고 셀룰라이트 생성이 예방되는 효과가 있다. 체온이 상승하면서 땀을 배출하게 되면 신체 내 노폐물과 독소가 함께 배출되기 때문에 다이어트에 큰 효과가 있다. 반대로 몸이 차가우면 다이어트에 악영향을 준다. 손발이 차고 허리가 시린 증상을 나타내는 냉증은 혈액순환을 저하시켜 부종을 유발하고 신진대사율도 낮춰 셀룰라이트 만드는 원인이 된다. 이렇게 기초대사량도 감소하면서 자연스럽게 연소되는 칼로리의 양도 줄어든다. 냉증이 계속되면 호르몬의 밸런스가 깨지고 변비와 생리불순, 생리통을 동반하기도 한다.

가장 문제가 되는 점은 20대 여성의 70~80%가 냉증을 가지고 있다는 현실이다. 현대인들의 지나친 스트레스와 계속된 냉방 등으로 냉증현상이 늘어나고 있다. 그렇다면 체온을 높이는 방법에는 무엇이 있을까. 가장 기본적인 방법으로는 반신욕이 있다. 반신욕이나 족욕을 통해 얻게 되는 효과는 체온다이어트의 효과와 거의 같다. 대신에 반신욕을 하는 방법을 정확히 지켜주는 것이 중요한데, 물의 온도를 40도를 넘지 않게 하고 목욕탕의 온도는 22도 정도가 적당하다. 식사전후, 운동 후 30분이 지나 반신욕을 실시하는 것이 좋으며 좋아하는 음악 등을 들으며 편안하게 실시하는 것이 중요하다.

(2) 체온을 상승시키는 음식과 속옷

특히 겨울철에는 뜨겁고 매운 음식을 즐기는 것이 체온을 상승시키고 지방분해 효과를 보는 데 좋다. 체온 상승에 좋은 대표적인 음식은 생강, 신진대사를 활발하게 하고 체온을 상승시키고 냉증을 개선시키는 좋은 음식이다. 우엉과 연근 등 땅에서 나는 뿌리채소도 체온을 상승시키는 음식으로 치즈 같은 발효식품도 효과가 좋다.

운동 등도 체온 상승에 탁월한 효과가 있지만 자칫 무리한 운동이 되지 않게 주의해야 한다. 가벼운 운동으로도 체온상승 효과를 보고 싶다면 체온을 상승시키는 속옷 등을 착용하는 것도 한 방법이다.

입는 것만으로도 체온을 상승시키고 체중감량 효과가 있는 것으로 알려진 속옷은 기초대사량을 증가시키는고 특수구조(3D)로 제작되어 피하지방에 압착해 셀룰라이트를 분해하고 운동 등을 통해 배출이 쉽도록 도와준다.

8) 체온과 피임법

• 기초체온 이용법

기초체온 측정법이란 자연피임법의 일종으로써 월경주기 중 배란의 자연적인 변화를 스스로 인지해서 그 시기에 금욕을 하거나 다른 피임법을 쓰는 방법을 말하는데, 미국여성의 약 18%가 이 방법을 사용하는 것으로 알려져 있다.

기초체온 측정법의 이론은 배란이 일어나기 전과 후의 체온의 자연적인 변화에 의해서 배란 일을 예측하는 방법으로써, 매일 아침 일정한 시간에(눈을 뜬 후에 자리에서 일어나기 전에) 측정해서 표에 기입하는 것이다. 저온기에서 고온기로 이행하는 시기에 저온으로 더 내려가는 시기가 하루 이틀 있게 되는데 이 시기가 바로 배란기다. 월경에서 배란이 있기까지는 비교적 체온이 낮고 배란이 있는 때부터 다음 월경이 있기까지의 기간은 비교적 체온이 높다. 낮을 때와 높을 때의 체온의 차이는 섭씨 약 0.4~0.5도 정도이므로 보통의 체온계로는 판별하기 어렵고 약국에서 구할 수 있는 부인용 화씨 체온계를 이용해야 하는데 약국에서 구입하면 내용물에 체온을 기록하는 체온측정표가 들어 있다.

이 방법은 월경주기를 계산하는 방법보다 정확하다는 장점이 있으나 매일 매일 같은 시간에 자신의 체온을 정확하게 측정해야 하며 감기나 다른 질병에 걸렸을 경우 기초 체온의 변화를 알아내기 어렵다는 단점이 있다.

9) 체온과 체온조절

운동과 체온조절에 어떠한 관련이 있는지 알아보기로 한다. 우리의 몸은 일정한 체온유지를 통해 어떠한 활동을 하는가? 운동은 어째서 체온을 변화시킬까에 대해서는 근육의 활동으로 만들어진 에너지가 근육세포를 수축시키는데, 이때에 발생된 다량의 열이 체온을 증가시키게 만든다.

예를 들면 체온은 37도 혈액은 39도 표피는 29~33도 등 이렇게 다소의 변동은 있지만 체온이 거의 일정하게 유지되는 것은 체내에서 형성되는 열생산과 체외로 방출되는 열손실이 항상 같게 유지되기 때문이다.

새로운 현대병으로 나타난 냉방병은 우리 몸의 체온이 급격하게 떨어져서 발생하는 것이 아니라 체온이 급격하게 자주 바뀌는 것이 문제가 된다. 우리 몸은 땀을 흘리게 해서 체온을 떨어뜨리는데 에어컨이 가동되는 곳에 있다가 밖에 나왔다가 다시 에어컨이 있는 곳으로 들어가고, 이런 일이 자주 반복되기 때문에 몸의 체온조절에 이상이 발생해서 몸의 안정이 깨지는 상태가 되고 이것이 소위 냉방병이라는 증상으로 표현이 된다.

열대야는 수면부족으로 인한 짜증과 과로를 유발시킨다. 그러나 덥다고 과도한 노출과 선풍기 에어컨 바람을 오래도록 쐬는 것은 좋지 않다. 어느 정도는 더운감을 느낄 수 있는 정도라야 한다. 샤워 역시 너무 차가운 물보다는 미지근한 물로 샤워한 후 완전히 닦아내지 말고 적당히 물기를 남겨서 물기가 증발하여 체열이 낮아지도록 하는 것이 좋다. 열사병은 체온조절 중추 자체가 기능을 상실한 것으로 체온이 올라가는데도 땀을 흘리지 않고 의식장애 쇼크 등이 나타나 순식간에 사망에 이를 수 있다. 열사병 증상을 보이는 사람은 찬물 등으로 체온을 내린 후 서둘러 병원으로 옮겨야 된다.

또한 추운 계절에 목욕을 하면 감기 걸리기 쉽다고 하여 목욕을 하지 않는 사람이 있지만 오히려 날씨가 추운 계절에도 건강하게 생활을 해나가기 위해서는 규칙적으로 목욕을 해야 한다. 목욕을 하면 누구나 혈액과 임파액의 순환이 촉진되어 노폐물이 쉽게 배설된다. 이와 아울러 산소와 새로운 영양소가 공급되어 피로의 회복을 돕게 된다.

체온조절의 생리적 현상으로는 추울 땐 몸 떨림, 수의적인 운동증가, 입모, 피부혈관수축, 웅크림(노출체표면감소) 현상을 나타나게 되고 더울 때는 식욕부진, 활동정체, 근육이완, 피부혈관확장, 발한, 호흡촉진 등의 현상을 나타낸다.

열 생성과 열 방출은 주로 무의식적으로 조절되지만 의식적으로도 조절된다. 시상하부의 정보는 대뇌를 자극하여 의식적으로 행동을 통해 열 생성량을 조절할 수 있는데, 추우면 운동을 하거나 두꺼운 옷을 입어 열 생성량을 증가시키고 열 방출을 억제하는 것이 좋은 예가 된다.

또한 때와 같은 피부표면의 각질층은 세균이 발육하는 데에는 방해가 될지 몰라도 때가 쌓이면 피지분비를 바쁘게 하고 체온조절에 큰 방해를 받는다. 그러므로 자주 목욕을 해서 때를 밀어내는 것이 좋다. 물은 몸에 산소를 충분히 공급해주고 신진대사를 활발하게 하며 체온조절이 잘되도록 도와주는 역할을 한다.

Beauty and Health

미용과 건강

CHAPTER

09

기호 식품과 피부

기호식품이란(영양을 취하려는 것이 아니고) 생리적으로 필요한 영양소를 공급하기 위해 섭취하는 식품은 아니지만 독특한 향이나 맛이나 자극을 즐기기 위한 차, 민속 차, 커피 등의 기호음료, 탄산음료, 과즙류, 청량음료, 주류와 같은 기호성이 높은 식품이라고 할 수 있다. 기호식품은 우리에게 정신적인 면에서 회복제나 만족감을 줄 수는 있으나 일반적으로 습관성을 지닌다.

1. 알코올

1) 음주와 피부 미용

음주로 적당한 양의 알코올을 섭취하면 혈관이 확장되어 혈행도 좋아지고 식욕도 증가하며, 피부 조직의 신진대사에 좋은 영향을 줄 수 있다. 하지만 알코올의 섭취량이 커질수록 혈행이 많아지고 음주 후에는 피부 온도 또한 일시적으로 올라가면서 모공이 열리게 되는데, 특히 음주 후 세안을 게을리 한다면 피부로 배출되는 알코올 대사산물과 피부 노폐물이 열린 모공에 들어가 트러블을 일으켜 여드름 같은 피부의 염증이 커지기 쉽다. 또 습관적으로 많은 술을 마시게 되면, 피부 재생이나 미용에 필요한 비타민 B류의 소모가 커져서 영양의 균형이 맞지 않게 되고, 오래 계속되면 간의 기능도 저하된다. 비록 많은 양이 아닐지라도 습관적으로 알코올을 섭취하게 되면 간의 비타민은 소모되는 반면, 지방이 축적되어 지방간이 되고 간 기능을 악화시켜 간반(肝斑) 등 피부에 색소 침착이 일어나며, 얼굴빛은 검게 되어 피로 회복이 잘 되지 않은 상태에 빠지게 된다.

특히 여성의 경우 여성호르몬이 체내에서 알코올 대사를 활성화시켜 독성물질인 아세트 알데히드(Acetaldehyde)를 증가시키기 때문에 음주의 부작용이 훨씬 다양하고 심각하다.

본래 알코올은 다른 음식물 성분과 달라서 피부 소화기관 어느 부위에서도 쉽게 흡수되므로, 시장할 때 마시는 술은 사람에 따라 차이는 있으나 그 양이 적어도 곧 흡수되어 심장박동이 빨라지고 흥분 상태가 되는 등 비정상적 생리 작용이 일어난다. 체내의 알코올 분해 효소는 간장에 있기 때문에 알코올은 주로 간에서만 대사가 되며 간의 부담을 과중시키는 것이다. 그러나 체내에 흡수된 상당량의 알코올은 분해되지 않고 소변으로 쉽게 배출되기도 하므로 음주 시에 물을 많이 마셔서 소변으로 알코올을 배출하여 간의 부담을 덜어 주는 것이 음주를 즐기는 사람들에게 권장되고 있다.

일반적으로 알코올의 과다한 섭취는 피부의 대사뿐 아니라 간 기능 저하로 멜라닌 색소 침적, 황달 등의 우려가 큰 것은 사실이다.

한편, 알코올에 대한 신체반응에서 같은 양을 마셨을 때 여성이 남성보다 혈중농도가 훨씬 높게 나타나는데, 이는 남성에 비해 여성이 체내 수분함량이 낮아 희석시키는 정도가 낮기 때문이다. 특히 여성의 만성적 음주는 각종 비타민과 무기질 및 단백질의 결핍 이외에도 술 자체의 독성 때문에 난소기능이 약해져 무월경, 불임증이 올 수 있고, 일단 임신 후에도 자연유산이 되기 쉽다.

이러한 이유 때문에 임신기간 중의 알코울 중독자는 임신기간 동안 금주를 해도 미숙아의 출산이 불가피하다.

몸에 맞는 적당량의 음주는 피부에 좋은 영향을 줄 수도 있으나 그 한계가 사람의 체질에 따라 일정하지 않기 때문에 조심하여야 한다. 음주를 즐기는 사람은 간장뿐 아니라 담낭, 비장, 췌장 등을 보호하기 위해서도 비타민을 섭취하는 것이 바람직하다.

술을 마신 다음날에는 얼굴이 붓는데 이 때는 항산화 성분이 많이 함유된 녹차를 마시고, 신선한 야채와 과일을 섭취하는 것도 좋다. 욕조 목욕은 머리 끝부터 발 끝까지 뭉쳐있던 숙취를 확실하게 해소해 주는 것도 좋은 방법이다.(단 음주 직후에는 혈압을 높이는 등 몸에 부담을 줄 수 있으므로 목욕을 하는 것은 피한다.)

2) 여성 호르몬과 알코올과의 관계

에스트라디올이라는 물질은 간장에서 알코올을 분해하는 효소의 활동을 방해하는 물질로 여성 호르몬의 일종이다. 따라서 여성 호르몬이 많이 축적되어 있는 젊은 여성이나 생리 전, 경구피임약을 복용하는 때는 여성호르몬의 분비가 많아지기 때문에 간장의 알코올 분해 능력이 떨어져 술에 쉽게 취하게 된다. 그러한 폐경기에 접어들면 여성 호르몬의 분비가 현저히 줄어들게 되며, 전에는 조금만 마셔도 취기를 느끼던 사람이 좀처럼 취기를 느끼지 못하는 현상이 발생하기도 하고 이 때 술 마시는 양이 늘어나기 쉬운 상태가 되기도 한다. 특히 위험한 것을 상습적으로 매일 술을 마실 경우 남성은 10년이 지나면 알코올 의존증 환자가 되는 반면 여성은 6년밖에 지나지 않는다. 그러나 술에 강하게 만드는 것은 순전히 알코올을 분해하는 효소 때문으로 이 효소를 선천적으로 많이 가지고 있는 사람은 술에 강하고 적게 갖고 있는 사람은 술에 약하다.

3) 음주 후 피부의 변화

음주 후 피부가 붉어지는 반응은 얼굴, 목, 가슴 등의 피부에서 모세혈관이 확장됨으로써 나타나는 것이다. 시간이 지나 모세혈관이 축소되면 홍조증상은 다시 사라진다. 그러나 장기간 음주를 하거나 과음을 하는 사람들은 붉어지는 증상이 계속되는 경우도 있다. 이러한 경우 모세혈관의 수축 기능이 약화됨으로써 나타나는 증상이다. 이와 같은 붉어지는 증상이 코와 볼 주위에서 두드러지게 계속되는 경우를 모세혈관 확장증이라고 한다.

음주로 인해 확장된 모세혈관은 수분손실을 증가시켜 피부를 거칠게 만든다. 또 혈액순환이 원활하지 못하고 오히려 저하되어 피부의 재생속도가 늦어지므로 얼굴색이 전반적으로 검은색을 띠게 된다. 이 밖에도 성인 여드름은 음주를 하면 아주 심화되는 현상을 보이기도 한다.

2. 커피

1) 유래

커피는 아랍어로 카파(kaffa), 즉 힘이라는 뜻에서 유래되었으며 인류가 애용해온 가장 오래된 기호식품이라 할 수 있다. 향기만으로도 신체의 여러 부분에 자극을 준다. 커피는 꼭두서니(Rubiaceae)과 코페아(coffea)속에 속하는 식물로, 붉은 열매는 원산지의 원주민들이 수백 년간 그대로 씹어 먹어 왔던 기호식품이며, 힘을 쓰고 정신이 나게 하는 약이기도 했다.

우리나라에 커피가 처음 들어온 것은 구한말 때 러시아 인이 전했다는 설과 일본인이 가져왔다는 설이 있다. 그 무렵 최초로 커피를 마신 사람은 고종 황제로 1895년 아관파천으로 러시아 공사관에 머물러 있을 때라 한다. 그 후 곧 다방이 생기게 되어 일본인이나 부자귀족들이 출입했으며 값이 비싸 서민은 커피를 마셔 볼 수도 없었다. 그 당시 사람들은 커피를 서양에서 온 이상한 맛의 국물이라 '양탕국'이라고도 했다.

2) 종류와 성분

커피나무의 품종은 매우 많으며 그 중에는 카페인이 매우 적은 것도 있다. 상업적으로 재배되고 있는 커피는 원산지에 따라 에티오피아 원산지인 아라비카와 콩고가 원산지인 로부스타가 주종을 이루고 있으며 열대지방에서 많이 재배되고 있으나 주산지는 브라질이다.

커피는 제조, 가공하는 방법에 따라 크게 인스턴트 커피와 원두 커피로 분류할 수 있다. 원두 커피도 분쇄한 분말형이 있는데 끓여도 용해되지 않는다. 커피 원두는 가공 시에 그 향미가 잘 용출되도록 볶아야 하는데, 그 볶는 기술이 커피 맛을 좌우한다고 한다. 조제 커피는 인스턴트 커피에 여러 가지 식품 첨가물을 혼합하여 쉽게 적응되게 만든 것이다.

3) 카페인

커피에서 가장 중요한 성분인 카페인(caffeimne)은 생리적으로 특별한 작용을 갖는 알카로이드의 일종이며 흥분, 혈압 상승, 위산 분비 촉진 등 여러 가지 생리 작용을 하는 물질이다. 카페인(caffeine)은 차, 청량음료, 코코아, 초콜릿, 감기약, 두통약, 드링크제 등에 포함되어 있다. 한 잔의 커피에는 100~150mg의 카페인이 함유되어 있다. 카페인을 500mg 이상 섭취하면 중독증상이라고 부를 수 있는 증상이 나타난다. 식물에서 얻어지는 알카로이드 물질이란 물에 녹으면 알칼리성을 띠는 것으로 습관성 중독을 일으키는 특수한 생리 활성 물질이다. 알카로이드의 예를 들면 담배의 니코틴(환각 작용), 양귀비꽃(아편)의 모르핀(심한 환각 마비 작용), 코카나무의 코카인(마취 작용, 국소 마취제) 등이 있고, 또, 햇빛에 노출된 감자의 푸른 부분의 솔라닌(신경 마비 맹독) 등은 의약용으로 쓰이기도 하지만 취급에 극히 주의를 요하는 독성물이다. 커피의 카페인은 여러 가지 알카로이드 중에서 인간에게 오랫동안 사랑 받아 온 물질이지만 다량의 복용은 좋지 않다. 복용량이 많고 계속 마시는 경우에는 의존성이 큰 카페인 중독(caffeinism)에 빠질 수 있다. 그 증상은 용량에 비례하여 불안, 불면증, 불안정, 과민성, 정신신체증상 호소(예

: 근육경직, 홍조, 오심, 소변 과다, 소화기관 장애, 불면 등) 등이다. 그러므로 카페인이 함유된 커피나 홍차는 하루 2~3잔 정도로 제한하는 것이 바람직하다.

4) 커피의 효과

커피를 마시면 뇌 속의 혈관이 팽창하므로 혈액순환이 좋아지고 뇌에서 피로 독소의 일부가 제거된다. 또한 심장을 자극하여 박동을 빠르게 하고 근육의 컨디션도 순간적으로 좋게 만든다. 장도 자극되어 활동이 빨라지고 배변이 원활해지며 위액분비로 활발해진다. 그래서 영양가 많은 음식물을 먹은 위 커피를 마시면 소화가 잘 된다. 신장을 자극하여 몸에 축적된 노폐물을 빨리 배출시키고, 위를 자극해서 소화를 도우며, 근육에 작용해 피로감을 덜어준다.

● 생리적 효능

카페인의 생리적인 효과는 다음과 같다.

① 위산의 분비를 촉진시킨다.

② 흥분 상태가 되고 심장박동수가 증가한다.

③ 고혈압 상태를 지속시키지는 않지만 일시적으로 혈압을 높인다. 그러나 심장이 약하거나 이상이 있는 경우와 고혈압 환자는 음용에 주의하여야 한다.

④ 습관성 중독성 : 기호식품은 다소 의존성이 있어서 계속 먹고 싶어지는 경향이 있다.

⑤ 뇌신경 중추신경 등의 흥분 상태를 야기시켜 잠이 오지 않게 하지만 습관화되면 큰 문제는 없다. 체질에 따라 차이가 있고, 과민성 체질의 사람을 불면에 빠지게 한다.

⑥ 임신부가 커피 중독인 경우 태아의 혈액에도 카페인이 검출된다. 태아의 발육에 이상이 없다고 하나 태아에게 영향을 미치므로 임신부는 커피를 금하는 것이 안전하다.

⑦ 카페인은 신체의 에너지 소비량을 약 10% 올린다. 즉, 같은 것을 먹어도 카페인을 섭취한 사람의 쪽이 칼로리 소비가 1할 높게 되어 비만을 방지한다고 한다.

⑧ 운동의 지구력을 높인다. 보통 운동을 할 때 에너지는 글리코겐에서 공급되고 글리코겐이 없어지면 피하지방이 에너지로 변한다. 그러나 카페인은 글리코겐보다 먼저 피하지방을 에너지로 변환하는 작용을 한다.

⑨ 음주 후 숙취방지와 해소 : 음주 후 숙취는 알코올이 체내에서 분해되어 아세트알데하이드라는 물질로 변하기 때문에 일어난다. 간단히 말해 아세트알데하이드를 분해해서 몸 밖으로 내보내는 것이 좋다. 카페인은 간 기능을 활발하게 하여 배설을 촉진시킨다. 가능하면 술을 마신 후에 한 잔의 물과 커피를 마셔두면 좋다고 한다.

⑩ 입 냄새의 예방 : 최근 구취 억제제가 잘 팔리고 있으나 커피에 함유되어 있는 Furan류에도 같은 효과가 있다. 특히 마늘의 냄새를 없애는 효과가 높다. 단, 커피에 우유나 크림을 넣으면 Furan류가 먼저 이 쪽에 결합을 하기 때문에 효과가 없다.

⑪ 암, 동맥경화의 억제 : 東京慈惠醫大의 나가노교수 등의 연구에서 커피는 동맥경화를 예방하는 HDL(좋은 콜레스테롤)을 증가시킨다는 것을 밝혔다.

⑫ 커피와 다이어트 : 카페인은 인체의 에너지 소비량은 10% 정도 증가 시켜 비만을 방지한다. 그러나 커피에 타 마시는 설탕과 크림은 당분은 빼고 블랙커피를 마시는 것이 좋다.

5) 커피와 피부 미용

커피를 과음하거나 예민한 체질의 사람이 카페인으로 인한 각성작용 때문에 수면을 충분히 취하지 못하면 피부의 피로를 누적시켜 피부 미용에 좋지 않다. 피부는 수면과 관계가 깊은 것이므로 각성제 효과의 물질은 모두 피부에는 부적절하다고 할 수 있다. 커피, 홍차, 녹차 등에 함유되어 있는 카페인은 멜라닌을 이동시키거나 확산시키는 작용이 있고, 기미 등의 색소 침착과 관련이 있으며, 또한 음료에 포함된 설탕, 카페인, 나트륨 등의 첨가물은 열량이 높아 이를 소화시키기 위해 많은 양의 물이 필요하다.

3. 녹차

녹차의 성분은 떫은맛의 탄닌, 단맛을 내는 당성분, 쓴맛을 내는 카페인, 구수한 맛을 내는 아미노산, 그리고 녹차의 대표성분인 카테킨과 엽록소 및 섬유소 등으로 구성되어 있다. 특히 녹차에 들어 있는 아스코르브산은 레몬의 5~6배의 함량으로 봄에 채취한 어린 녹차 잎에 그 함량이 높아 색소침착 피부의 미용에 효과적이다.

1) 카테킨(catechin)류(차의 탄닌)

카테킨은 녹차에 들어있는 대표적인 성분으로 녹차의 떫은 맛을 내는 성분이다. 녹차 잎을 따는 시기에 따라 차잎의 카테킨 함량이 달라지는데 맛좋은 녹차에는 탄닌 함량이 15~39mg/g 정도이다. 녹차 잎이 갖고 있는 탄닌 성분은 유해물질 해독 효과가 있어 몸 안에 있는 중금속과 먼지 등을 해독하는 것으로 알려져 있어 봄철 황사가 심할 때 녹차를 자주 마시면 몸이 깨끗해진다는 보고가 있다.

2) 엽록소

녹차의 색상을 결정하는 주성분은 엽록소(클로로필) 함량의 차이로 결정된다. 엽록소는 차광재배에 의한 녹차 잎이 노천재배의 차색보다 진한 녹색을 띠어 색상이 고운 녹색이다.

녹차성분 중 아스코르브산 및 엽록소 성분은 항산화제로 피부의 항노화 효과를 갖고 있으며 기미 잡티피부의 안색을 정화한다.

3) 아스코르브산(ascorbis acid)

녹차에는 인체의 면역력 증진에 효과적인 아스코르브산이 레몬의 3~5배 정도 함유되어 있으며 특히, 봄에 채취하고 볶은 녹차에 그 함량이 높다.

4) 유리 아미노산

녹차에 포함되어 있는 아미노산은 구수한 맛과 향, 감칠맛을 내는 성분으로 테아닌, 글루타민산(glutamin acid), 아스파르트산(aspartic aicd)과 아르기닌(arginine) 등이 아미노산류에 속한다. 고급 녹차일수록 테아닌과 글루타민산이 많이 함유되어 있다고 한다. 녹차가 갖고 있는 아미노산 성분은 이뇨작용을 촉진시켜 노폐물 배출과 함께 독소 배출을 용이하게 함으로 비만관리시 미지근한 녹차 한 잔은 매우 긍정적인 효과를 갖는다.

5) 녹차가 인체에 미치는 효과

녹차 성분의 카페인과 카테킨류는 중추신경을 자극하여 집중력을 향상시키고 스트레스를 감소하는 효과가 있다. 또한 혈액순환을 촉진하여 신진대사를 돕는다.

카테킨류와 아스코르브산 및 엽록소 성분은 혈중 콜레스테롤을 조절하며 좋은 콜레스테롤(HDL)과 혈압조절에 영향을 미쳐 고혈압과 동맥경화를 예방한다.

탄닌, 섬유소, 엽록소는 인체에 암을 예방하는 발암성 물질과 쉽게 결합함으로써 항암효과를 나타내며 항 노화작용을 갖는 특징이 있어 노화방지 효과가 있다. 차에 함유되어 있는 여러 가지 탄닌류, 폴리페놀류, 플라보노이드, 비타민 C 등 항산화물질은 이들 유해산소, 산화물 등의 작용을 막거나 그 물질의 제거에 효과가 있다.

녹차의 탄닌 성분과 클로로필 성분은 구취나 입냄새를 제거하며 충치를 예방한다는 보고가 있으며 신발장이나 지저분한 냄새가 나는 곳에 녹차를 뿌려놓으면 잡냄새를 없애는 탈취효과가 있다.

4. 담배

담배는 1590년 임진왜란 때 왜군에 의해 전해진 후로 기호품으로 애용되어 왔다. 담배는 생명을 단축시키는 주범의 하나라고 강조되고 있다. 그럼에도 흡연 인구는 계속적으로 늘어만 가고 특히 현대의 젊은 여성들의 흡연이 문제가 되고 있다. 여성의 경우 임신 중의 흡연은 미숙아 출산, 선천성 기형아 출산 등 태아에게 막대한 영향을 끼치며, 월경불순, 불임, 사산의 위험이 크다 점을 인식할 필요가 있다.

담배 잎이 함유한 성분 중에서 가장 대표적인 니코틴은 궐련 1개비 속에 0.6~0.2mg이 들어 있다. 이 니코틴은 중추 신경을 자극하고 모세혈관을 수축시켜 혈압을 높이며 심장 운동을 촉진하여 맥박이 빨라지고 혈액의 양이 증가한다. 니코틴의 양이 매우 많을 경우에는 신경이 마비되어 죽는다.

담뱃진이라 불리는 타르는 담배를 피우면 필터나 파이프가 검게 변하게 하거나 인지를 노랗게 물들게 하는 원인으로 담배를 피우면 필터가 검게 되는 것이나 오랜 흡연자의 인지를 노랗게 물들이는 것으로 석탄, 석유 등의 유기물을 건류하거나 증류할 때 생기는 끈적거리는 액체를 말한다. 담배에 함유된 타르는 담배가 약 880℃로 연소할 때 작은 입자로 연기 속에 존재한다. 인체의 점막에 있는 섬모는 먼지를 걸러내어 밖으로 내보내는 역할을 하는데 크기가 10μm 이상인 입자는 가래와 함께 밖으로 나오지만, 입자의 크기가 1μm 전후이면 60% 이상이 폐 속으로 그대로 들어간다.

타르는 담배가 800도로 연소될 때 작은 입자로 변하여 기관지나 폐로 들어가며 이것이 폐암의 원인이 된다.

담배가 탈 때 일산화탄소와 이산화탄소가 나온다. 담배 연기 속에는 일산화탄소가 최고 4만 5000ppm이나 들어있다. 공기 중에는 대기 오염이 심하다고 하더라도 50ppm 이하이므로 담배를 피우면 평소보다 매우 많은 양의 일산화탄소가 폐 속으로 들어간다. 일산화탄소는 헤모글로빈과 결합하는 반응이 산소보다 훨씬 빨라 적혈구에 있는 헤모글로빈 산소과 산소의 결합을 방해하고 산소가 몸속의 여러 기관으로 운반되는 것을 방해한다. 따라서 가벼운 일산화탄소 중독을 일으킨다. 이산화탄소는 보통의 대기 오염 상태라도 0.02ppm 이상을 넘지 않는데, 담배 연기 속에는 250ppm이나 들어 있다.

이와 같은 흡연으로 인해 야기되는 질병으로는 폐암, 후두암, 구강암, 식도암, 신장암, 방광암, 췌장암, 자궁경부암 등의 각종 암과 관상동맥질환, 뇌혈관질환, 대동맥류, 말초혈관질환 등의 심혈관 질환, 폐기종, 만성 기관지염과 같은 호흡기 질환, 그 외 소화성 궤양, 저체중아, 기타 신생아에 미치는 효과 등의 기타 질병으로 분류할 수 있다. 현재 우리 인간에게 발생하는 모든 암 중 30~40%는 담배로 인한 것이다. 흡연자는 비흡연자에 비해 후두암이 11.5배, 구강암이 13배, 폐암 11.3배, 식도암 6.4배, 간암 2.3배, 방광암 2배, 췌장암 1.5배, 위암 1.5배, 자궁경부암 2배 정도로 발생률이 높다.

심혈관계 질환계 질환의 경우 담배를 한 개비만 피워도 니코틴의 작용으로 혈압이 오르고 맥박이 빨라지며 말초혈관들이 수축하게 된다. 또한 혈소판의 혈액 응고 작용을 증가시켜 혈전증을 일으키기 쉽다. 담배연기 안에 있는 일산화탄소와 헤모글로빈이 결합하여 산소공급을 방해한다. 또한 각종 독성물질에 의하여 해로운 저밀도(LDL)콜레스테롤 양이 증가되어 동맥경화증 발생이 촉진된다. 또한 흡연으로 인한 기관지 자극으로 기관지에 염증을 일으키거나 기침과 가래를 만들고 기관지벽이 두꺼워지면 기관지가 좁아져 호흡기능을 약화시켜 감기나 기관지염 등이 쉽게 발생한다.

1) 피부와 흡연

흡연이 피부에 미치는 영향을 살펴보면 흡연은 혈색은 창백해지고 피부가 거칠어질 수 있으며 눈 주위의 잔주름 등 피부 노화가 촉진된다. 담배의 주성분인 니코틴은 피부에 영양분을 공급하는 혈관을 축소시킴으로써 눈에 보이지 않는 피부의 변화가 나타나게 된다. 혈관이 축소시킴으로써 눈에 보이지 않는 피부의 변화가 나타나게 된다. 혈관이 축소되면 피부의 온도가 낮아지고 손발이 차갑게 느껴진다. 또한 손가락이 누렇게 착색되고 냄새도 난다.

흡연은 피부의 상처치유에도 영향을 미치게 되어 일반적으로 흡연자의 경우 비흡연자에 비해 주름 수술을 할 경우 치유 기간이 약 12배 정도까지 늦어진다고 한다. 흡연자는 비흡연자에 비해 상처를 입었을 때 회복이 더디고 콜라겐 축적이 잘 안되므로 피부에 흉터가 남을 가능성이 더 높다. 왜냐하면 흡연은 조직의 산소 농도를 낮추고 혈관을 수축시키기 때문인데, 담배 한 개비에 대한 피부 혈관의 수축은 90분간 지속된다. 또 흡연은 피부의 모세혈관에도 장애를 미치게 되어 상처 치유뿐만 아니라 피부색이 착색되거나 창백해질 수 있다.

그 밖에도 흡연은 주사비(빨간 코)나 말초혈관 확장증과 같은 피부 질환을 더욱 악화시킬 수 있다. 또한 흡연에 의한 주름은 자외선 양이나 노화, 성별, 색소의 양과는 관계없이 찾아온다. 따라서 오랫동안 담배를 피우는 사람의 피부는 창백하고 혈색이 좋지 않게 보이며, 위아래 입술과 눈 주위에 잔주름과 깊은 주름이 두드러지게 나타나게 된다. 그러므로 흡연자는 잔주름이 일찍 더 깊게 생기며 갈색 색소침착을 보인다. 흡연에 의한 주름은 흡연 연수와 비례하고 여자가 남자보다 민감하게 반응한다. 또 피부에 발생하는 암 중에 가장 악성인 흑색종의 경우 비흡연자보다 더 두껍게 생긴다. 발병 시 전신에 퍼지는 예가 더 많고 내부 장기로 퍼질 확률도 더 높으며, 비흡연자가 치유 시 재발하지 않는 기간이 더 길다고 한다. 이유는 흡연이 인체의 면역기능을 약하게 하기 때문이다. 흡연에다 과다한 음주까지 할 경우 상승작용을 일으켜 구강내 암이 발생할 가능성이 높다. 구개(palate)에 발생하는 암은 보통 흡연자보다 파이프를 사용하는 흡연자에게 더 흔하다고 한다. 흡연자는 거의 대부분 치주조직이 약화되어 잇몸병을 앓고 있으며 치아의 색깔도 누렇게 변하고 담배진으로 검은 테가 끼게 된다. 치아의 색깔 변화는 담배를 끊어도 원상으로 돌아오지 않는다. 특히 청소년 시절의 흡연은 성인이 된 후 치주조직이 더 많이 손상되고 그 증상도 심해진다. 담배 피우는 사람은 입에서 고약한 냄새가 나며 맛을 보는 기능과 냄새 맡는 능력도 떨어진다.

그럼 어떻게 해야 할까? 무엇보다도 중요한 것은 흡연이 건강뿐만 아니라 피부에도 악영향을 미친다는 것을 항상 염두에 두고 담배를 끊으려고 노력하는 것이다. 금연이란 좀처럼 쉬운 일은 아니지만 담배를 끊으려는 의지가 반드시 필요하다.

이와 같이 피부 미인이 되는 것이 그리 쉬운 일은 아니며 항상 아름다움을 유지하려는 부단한 노력만이 곱고 아름다운 피부를 지켜줄 수 있을 것이다.

2) 담배와 체중

신진대사를 조절하는 중추신경을 니코틴이 조절하여 체중을 줄인다는 주장부터 여러 가지 '설'로 담배를 피면 살이 빠진다고 생각하는 사람들이 있는데, 최근 연구결과에 따르면 오히려 복부비만이 증가된다고 한다. 사실, 흡연 여성과 비흡연 여성의 체형을 연구한 결과 흡연 여성들의 체형이 비이상적으로 복부비만이 증가한 것으로 밝혀져 충격을 주기도 한다.

물론 담배를 끊으면 여러 가지 이유로 살이 조금 찌는 것이 사실이지만, 이것은 몸의 기능이 정상화되고 흡연 욕구를 누르기 위해 먹게 되는 여러 음식물들이 원인이므로 금연할 정도의 의지가 있다면 얼마든지 조절 가능한 것이라 하겠다.

흡연이 체중감소에 효과가 있다는 잘못된 인식으로 체중조절을 하는 젊은 여성층의 흡연인구가 많은데, 이는 크게 잘못 알고 있는 것이다. 물론 흡연 시 담배 속에 함유된 니코틴이나 타르, 일산화탄소와 같은 유해물질이 체내에 유입되면서 체내수분 함량과 식욕을 감소시키므로 체중이 줄어드는 일시적인 작용은 있으나 오히려 흡연 후 몇 개월이 지나면 체중은 증가한다. 왜냐하면 신진대사 장애를 가져와 체내의 노폐물이 제대로 배출되지 못하고, 체내에 남아있기 때문에 복부비만과 같은 부분비만이나 과체중이 올 수 있으며, 특히 순환장애에 의한 셀룰라이트로 몸매가 예쁘지 않게 되는 현상을 초래할 수 있다.

3) 흡연자에게 좋은 음식

① 아침에는 찬물 한 잔

특히 일어나자마자 피우면 맛이 좋다고 하는 아침 담배는 건강을 해치는 주범인데, 자는 동안 위에 고인 위산의 독성과 니코틴의 독성이 섞여 뇌를 자극하기 때문이다. 이때는 찬물 한 잔을 마셔 희석시킨 후 흡연한다.

② 충분한 단백질을 섭취한다.

③ 알코올 섭취 후에는 곡류 위주의 식사를 한다.

밥이나 죽 같은 곡류가 음주 후 뇌에 부족하기 쉬운 당질을 보충해 준다.

④ 야채즙을 마신다.

그 중에서도 특히 시금치즙은 무기질이 풍부하기 때문에 숙취 제거에 효과적이다.

⑤ 굴 등의 해조류를 많이 섭취한다.

굴에는 아미노산인 타우린과 메티오닌이 많이 함유되어 있어 간의 기능을 원활하게 해주기 때문에 니코틴 분해에 도움을 준다.

⑥ 녹차를 많이 마신다.

담배 피운 후 녹차를 많이 마시면 담배로 인한 체내의 독성을 녹차의 성분인 엽산 등이 흡수해 제거하는 효과가 있다. 담배를 한 개비 필 경우 세잔 정도가 적당하다.

⑦ 비타민 C는 애연가의 최고의 친구

과일은 알코올 분해를 촉진하고 유해 산소의 발생을 억제한다. 담배 한 개피를 피웠을 때 체내에서 25mg의 비타민 C가 없어지고, 10개비를 피우게 되면 레몬 10개분의 비타민이 소멸된다고 한다. 따라서 애연가는 수시로 비타민 C가 많이 들어 있는 과일, 감자, 딸기, 감귤 등을 먹어 부족한 비타민 C를 보충하도록 한다.

⑧ 레몬은 필수

레몬의 산 성분은 위를 깨끗하게 하는 효과가 있다. 또 먹고 난 레몬을 치아에 문지르면 이빨 사이에 낀 니코틴을 제거해 깨끗하고 하얀 치아를 유지할 수 있다.

5. 청량음료

청량음료 한 캔(250㎖)에는 약 20~32.5g의 당분이 들어 있다. 이는 초·중학생의 1일 권장 당분 섭취량(20g)을 초과하는 양이다. 전문가들은 매일 한 캔씩 청량음료를 마신다면 1년에 5㎏의 체중 증가를 유발할 가능성이 있다고 입을 모은다. 김미영 한림대학교 동탄 성심병원 가정의학과 교수는 “청량음료에는 흡수한 당을 에너지화 하는 데 필요한 비타민과 무기질 등의 영양소가 없어 오히려 우리 몸 안에 있는 비타민을 빼앗는다”며 “결과적으로 쉽게 피로를 느끼고 입맛도 떨어지는 반면 에너지화 되고 남은 당은 지방으로 전환돼 비만의 원인이 된다”고 말했다.

탄산음료는 사이다나 콜라 등 탄산가스를 용존시켜 만든 청량음료는 차가운 상태에서 마시면 청량감이 있어서 기호성이 크고 습관적 섭취를 하게 된다. 이때 청량감을 주기 위해서 그리고 탄산가스의 발포가 되게 하기 위해 인산을 같이 사용하여 제조하게 되는데 청량음료 속에 들어 있는 인은 칼슘의 흡수에 도움이 되지만 칼슘과 인의 균형이 깨질 경우 오히려 칼슘의 흡수를 방해한다. 칼슘과 인의 적절 비율은 칼슘 : 인 = 1 : 1 또는 2 : 1이다. 한국인의 식생활을 살펴보면 인이 함유되어 있는 곡류를 주식으로 삼다보니 인의 섭취량은 권장량에 충분히 충족시키고 있으나 칼슘은 매우 부족하다. 탄산음료 속 인 함유량은 우리가 하루 세 끼 쌀밥으로 섭취하는 인의 양보다 적다. 즉 하루 1~2캔 정도의 탄산음료는 몸에 해가 될 만한 양이 아니다.

그러나 지나진 인산의 섭취는 역으로 칼슘의 흡수를 방해할 뿐만 아니라 소변으로 칼슘 배설을 촉진해 칼슘 부족상태가 된다.

따라서 청소년기는 뼈가 성장해 최대 골밀도에 이르는 중요한 시기인데 사이다나 콜라는 과도한 탄산음료 섭취는 뼈의 성분인 인산칼슘을 용출시켜 칼슘의 탈리가 되기 쉽다. 그런 음료를 즐겨 먹는 어린이는 뼈가 약해져서 넘어지면 쉽게 골절되며, 청량음료를 많이 마시는 청소년은 성인이 되어 골다공증에 걸릴 위험이 높다. 노인의 경우나 모유를 먹이는 부녀자의 경우는 특히 탄산음료는 삼가야 할 것으로 본다.

기타 미네랄 음료는 최근에 스포츠 음료로 비탄산계 음료가 많이 시판되고 있다. 이것은 주로 각종 미네랄(무기염류)을 배합한 것으로, 땀으로 체내의 미네랄이 많이 빠져 나갔을 때 보충하여 혈액의 기능이나 세포의 기능을 회복시키는 데 도움을 주는 것이다. 따라서 운동 후에 갈증을 느낄 때 미네랄 워터 등 스포츠 음료를 마시는 것은 피부 보호에도 큰 도움이 된다.

• 기호식품의 장점 및 오해(탄산음료에 대하여)

최근 소비자보호원이 콜라, 사이다를 비롯해 당근 주스, 식혜 음료, 스포츠 음료 등의 산성도를 조사한 결과, 식혜음료를 제외한 대부분의 음료가 pH 5.5 이하의 산성 음료로 나왔다. 특히 콜라와 사이다, 스포츠 음료는 pH 2.5~3.4로 강한 산성을 띠어 치아의 가장 바깥 부분인 에나멜층을 손상시킬 가능성이 컸다. 청량음료에는 여러 종류의 단순당도 들어 있는데, 이는 충치의 원인 중 하나다.

탄산음료는 이산화탄소(탄산)가 용해되어 있어 약산성을 띠기에 부식성을 갖지만 뼈가 탄산음료에 직접 노출되지 않는 한 뼈가 부식되는 일은 절대 없다. 입에 머금고 있다거나 하는 정도로 이가 녹아 버리는 일은 없으며, 탄산음료를 개봉하는 순간 탄산이 날아가기 때문에 탄산이 부식성을 갖는다거나 하는 시간도 극히 짧다. 탄산음료는 마셨을 경우 탄산이 빠른 속도로 날아가며 체온을 빼앗아 가기 때문에 시원한 느낌을 준다.

흔히 청량음료를 선호하는 사람들의 이유는 다음과 같다.

㉠ 머리에 열이 많이 나는 사람의 열을 식혀준다.

㉡ 소화가 안 되는 사람의 소화제가 되어준다.

㉢ 변비증상의 효과를 없애준다.

㉣ 스트레스를 많이 받을 때 일시적인 치료효과가 있다.

㉤ 식물의 광합성량을 늘어나게 하여 양분 생산량을 늘려 준다.

반면 탄산음료의 이산화탄소 가스는 강한 자극성으로 위산을 촉진시켜 소화를 일시적으로 도와주지만 위산과다나 위궤양을 심화시키기도 하며 또한 위에서 장으로 배출되는 속도가 늦어 배부른 상태가 지속돼 특히 어린이들은 밥을 제대로 안 먹게 되므로 영양의 불균형을 야기하는 요인이 되기도 한다. 또한 청량음료에는 알레르기를 일으키고 발암성이 있는 것으로 알려진 합성 착색료가 들어있는데 인공감미료인 아스파탐은 뇌종양을 일으킬 가능성이 있다고 1997년 미국에서 보고된 바 있다.

Beauty and Health

미용과 건강

CHAPTER

10 스트레스와 피부건강

오늘날 스트레스라는 말은 일반적으로 외부에서 받는 정신적, 신체적 압력이나 부담을 의미한다. 즉 스트레스가 생체의 건강과 관계가 있고 따라서 피부의 건강 특히 얼굴 피부의 상태에 영향이 크다.

1. 스트레스란 무엇인가

1) 스트레스의 어원

스트레스(stress)라는 말은 본래 물리학적 용어이다. 어떤 물체에 외력을 가하면 그 물체는 형태가 변한다. 그 물체의 탄성 한계 내에서 그 물체가 외력을 받아 변형된 상태, 즉 뒤틀린 상태를 스트레스라 한다.

예를 들면 고무공을 손가락으로 누르면 공이 변형되어, 즉 뒤틀림이 생긴다. 손가락을 떼면 공은 원래 상태로 되돌아가게 된다. 공이 눌려진 뒤틀린 상태를 스트레스라 하고 공을 누르는 힘(자극)을 스트레써(stresser)라 한다.

이같이 스트레스와 스트레써의 관계를 생물학적·의학적 면에 적용된 것은 유명한 캐나다 몬트리올 대학의 Hans Serie교수가 1935년에 영국의 학계 잡지에 발표한 논문에서부터 비롯되었다.

우리 인간이 가장 갖고자 하는 것은 정상적인 활동이 가능한 건강이라는 것은 누구나 알고 있는 일이다. 신체적 건강도 중요하지만 정신적인 건강도 못지않게 중요하며 이 두 면의 건강이 같이 있을 때 완벽한 건강 상태라 할 수 있는 것이다.

의학이 발달하고 건강 진단이나 검진기술이 보급되어 여러 가지 질환의 조기발견 조기 치료가 가능하게 된 오늘날에는 건강의 상태를 지식인이면 누구나 곧 확인할 수 있게 되었다.

세계 보건 기구(WHO)에서 제시한 건강의 정의를 보면 '건강이란 육체·정신적 또는 사회적으로 완전히 좋은 상태인 것이며 단순히 질병 또는 허약 상태가 아닌 것을 말하는 것'이라고 하였다.

사람의 육체적 건강은 의학의 발달로 유지 또는 연장시킬 수 있지만 정신적인 건강은 그렇지 않다. 복잡한 사회에서 받는 정신적인 충격이나 부담에서 오는 정신적 비건강 상태는 단순한 의학적 처리 방법으로 쉽게 치유하기가 어렵기 때문에 그 원인이 되는 요인, 즉 여러 가지 스트레스를 방어하고 해소해 나가는 것은 완벽한 건강을 유지하는 데 절대로 필요한 일이다. 그러기 위해서는 스트레스는 왜 문제가 되는가, 병을 일으키는가 하는 과학적 근거로 이해할 필요가 있다.

본래 육체적으로나 정신적으로 체질은 부모에게 유전적으로 타고나는 것이라고 하지만 후천적으로 육체를 단련시키듯이 정신적인 건강도 교육을 통해 성장시킬 수 있는 것이며, 살아가면서 발생되고 느껴지는 의무 부담 등이 늘 정신적으로 압박이 되는 그 자체 즉, 스트레스의 본체와 신체에 미치는 영향을 과학적으로 이해하는 것은 진정한 건강을 지키는 데 매우 필요한 일이다.

2) 스트레스의 종류

경쟁사회에서 이겨나가기 위해 어릴 때부터 받는 영재교육, 중고교 시절 겪는 수험 공부, 사회 진출 후에 기업 전사로서 살아남기 위한 출세 경쟁, 여러 가지 인간관계나 가족에게서 받게 되는 불안 등 많은 부담은 누구나 짊어지고 있는 짐이라 할 수 있다. 이 짐을 짊어지고 슬기롭게 헤쳐 나가는 사람이 있는가 하면 그 부담에 짓눌려 주저앉는 사람도 있다. 정신적으로 건강한 사람은 성인이 되어 누구에게나 오는 부담 즉, 스트레스를 이겨 나가는 사람이고 잘 대처해 나가는 자라 할 수 있다. 스트레스를 몇 가지로 분류한다.

첫째는 물리학적인 스트레스로 더위, 추위, 소음 등이 대표적이다. 듣기 싫은 소음, 괴음, 폭음 등으로 강한 스트레스를 받을 수가 있다.

둘째는 생리적인 스트레스는 과로, 면역 체계에 부담을 주는 감염, 통증 등이며 셋째로는 사회적 · 심리적 스트레스로서, 인간관계, 사회적 불안, 가족 불화, 직장 불만, 학교생활 부적응, 여러 가지 일에 대한 좌절감 등이다.

이와 같은 많은 스트레스가 사람마다 끊임없이 발생되고 부딪히며 접하게 되는데 그렇다고 이들 스트레스 모두가 다 불리한 것만은 아니다.

모든 스트레스가 일제히 없어진다고 하면 사람은 과연 편하고 행복할까 하면 그렇지 않다. 적당량의 스트레스는 사람에게 의욕을 주고 희망과 일의 성취에 대한 보람을 주는 것으로, 사회적 활력이 될 수도 있다. 따라서 어떤 의미로는 있어야 할 좋은 면의 스트레스와 절대 없어져야 할 나쁜 면의 스트레스가 있는 것이다. 그러나 모든 경우에 있어서 분리하거나 유리한 스트레스가 확연히 구별되는 것은 아니다. 어떤 사람에게는 활력소가 될 만한 사건이나 스트레스가 다른 사람에게는 감당하기 어려운 스트레스가 되는 경우도 있는 것이다.

스트레스를 받는 사람의 생체 내에서 자극에 정비례하여 어떤 물질이 생성된다면 혈중 콜레스테롤 수치처럼 그 물질을 정량하여 수치로 표시할 수가 있겠지만, 그런 원리가 적용되지 않기 때문에 사람이 느끼고 있는 스트레스의 양을 수치화하기가 매우 어려운 일이다.

미국의 정신과 의사 홈즈(Homz) 박사 등 연구팀은 394명의 사람을 대상으로 일상생활에서 어떤 사건을 당했을 때 각종 장기의 기능 변화와 망각에 소요되는 시일 등 조사한 것을 기초로 스트레스를 통계적으로 분석하여 수량화하였다. 그 대상이 미국인이었으며 또 모든 사람은 개체적 차이가 있기 때문에 누구에게나 같은 양으로 볼 수는 없겠지만 매우 큰 참고가 될 수 있는 것이다. 가장 큰 스트레스를 받는 사건은 배우자의 죽음이었으므로 이것을 기준 100으로 하였을 때 이혼, 별거, 가족의 죽음도 다음 가는 높은 수치였다. 결혼도 사람에게 의외로 많은 스트레스를 주는 것으로 나타났다. [표 10-1]은 홈즈 박사가 발표한 여러 가지 생활 사건을 스트레스 평균치로 표시한 것이다.

홈즈 박사는 일년간의 스트레스치의 합계가 300점을 넘는 경우에 그 다음 해에는 약 79%의 사람이 신체질환의 발생을 호소한다고 하였고, 200~299점의 사람은 다음 해에 발병률이 51%, 150~199점의 사람들은 37%가 발병한다고 보고하였다.

이 결과는 미국에서의 실험 모델에서 연구된 것이고 우리나라 사람에게 그대로 적용될 수는 없다. 그러나 정신적 스트레스가 얼마나 우리의 건강을 위협하는가를 알 수 있는 것이다. 스트레스의 축적이 병을 일으킨다는 것은 현대인이 대부분 이해하고 있지만, 이 연구는 그것을 증명해 주는 것이라 본다.

〈표 10-1〉 각종 생활 사건 등에 대한 스트레스의 수량화

순위	생활 사건	평균치
1	배우자의 사망	100
2	이혼	73
3	별거	65
4	구류	63
5	가족의 사망	63
6	자기의 병 또는 상해	53
7	결혼	50
8	해고 당함	47
9	부부의 화해	45
10	퇴직	45

순위	생활 사건	평균치
11	가족의 건강 상실	44
12	임신	40
13	성적 빈곤	39
14	새 가족이 생김	39
15	떠난 일을 다시 하게 됨	39
16	경제 상태의 변화	38
17	친구의 사망	37
18	다른 직무에 배치	36
19	배우자와 논쟁 횟수 증가	35
20	2개월 급료 이상의 빚	31
21	담보 물건의 권리 상실	30
22	직무 책임의 변화	29
23	자식의 가출	29
24	친척과 불화	29
25	뛰어난 개인 업적	28
26	처의 일 시작 또는 중단	26
27	방학 후 개학	26
28	생활 상태의 변화	25
29	습관 개선	24
30	상사와의 불화	23
31	직무상황의 변화	20
32	주거 이사	20
33	전학	20
34	레크레이션 변화	19
35	종교활동 변화	19
36	사회활동 변화	18
37	1개월 급료 이하의 빚	17
38	수면 습관 변화	16
39	가족 화목 기회	15
40	식습관의 변화	15
41	휴가	13
42	크리스마스	12
43	작은 위반 행위	11

3) 일상생활의 여러 가지 스트레스

홈즈 박사의 일상생활 사건의 예에서 조사된 것 이외에도 여러 가지 환경이나 접촉되는 사건 등이 스트레스를 주는 예를 몇 가지 들어 본다면 스트레스 피해를 실감할 수가 있다.

(1) 분노와 저항

사람이 생활하면서 화가 날 경우는 얼마든지 있다. 그러나 일시적으로 화가 난 일이 있더라도 시간이 지나면 점차 해소되어 아무렇지 않게 넘어가는 것이지만, 그것이 충격이 크고 오래 계속적인 상태가 되면 큰 반항 심리나, 분노나 원망의 상태가 장기간 계속되고 큰 스트레스가 되어, 신체의 여러 부위에서 병변이 발생하는 것은 흔한 일이다.

동물의 대상으로 한 실험의 예를 보면

동물 중에서 가장 성질이 급하고 예민한 것으로 알려진 고양이는 먹이를 주고 곧 위투시 엑스레이를 찍어 둔 후, 즉시 고양이를 때리거나 아프게 고통을 주면 고양이는 화를 내어 저항할 태세를 취하고 약 30분 쯤 그런 상태를 계속하고 1시간 후에 찍은 위 사진에서 위는 움직이지 않았다. 위 내의 음식물이 장으로 흘러가지 못하고 그대로 머물러 있는 것을 볼 수 있었는데, 소화효소의 분비가 없었고 소화되지 않는 상태의 음식물이 위에서 오래 머물게 되면 위벽에 염증이 생기고 그런 일이 여러 차례 계속되면 신경성 위염(gastroneurosis)이 생기는 것은 이미 의학적으로 밝혀진 일이다. 비슷한 경우로 인간관계에서 발생되는 갈등도 상호간에 모두 스트레스를 주고받게 된다.

자신에게 배산감을 주는 사람, 명예 · 재산상의 큰 손실을 입힌 상대방은 당연히 증오, 미움의 대상이 되는 것이지만 그것을 묵묵히 참고 있는 것은 더욱 큰 생리적 변화를 초래할 정도의 스트레스가 되어 발병의 원인이 될 수가 있다.

(2) 불안·실망·좌절·고독

회사 생활을 하는 사원이 회사의 경기가 나빠지거나, 감원 선풍이 예상되면 불안감, 입학시험을 준비하고 있는 수험생과 가족의 강한 긴장감, 또 정치적, 사회적 불안도 스트레스의 요인으로 충분하다. 고독 또한 큰 스트레스가 되는 것은 자명하다.

사람이 사랑하는 가족과 격리되어 있거나, 편안하게 대화할 상대가 없어 고독을 느끼는 경우나, 주위에서 따돌림을 받아 스스로 고독을 느끼는 큰 스트레스를 받는 것이다. 어린이들 사이의 왕따 현상에서 고독이 견디기 어려운 고통임을 쉽게 알 수 있다. 이 증상이 심한 경우에는 신경쇠약, 면역기능 저하 등으로 발병할 수도 있다.

가족의 중요성은 서로의 애정과 대화가 고독을 모르게 하는 데 있다. 일정한 식당에서 늘 같은 식사를 하는 사람과 애정이 있는 가정에서 가족과 같이 식사를 하는 것은 그 식사의 즐거움이 비교될 수 없을 정도로 큰 것이므로 다소 영양면에서 부족해도 건강을 지켜나갈 수 있다는 것이다.

(3) 경쟁심과 질투심

감수성이 큰 고등학교시절, 특히 여학생들 간에는 질투심, 경쟁심이 심리적인 큰 부담이 되어 과중한 스트레스로 신경쇠약의 증세까지 나타나는 일이 적지 않다.

사회에는 그 어느 곳에서나 경쟁이 있고 자극이 있어서 더욱 힘차게 일을 하게 되는 것인데, 그 경쟁심이나 타인의 성공 발전에 대한 질투심이 강하게 작용하는 경우는 스트레스를 받아 오히려 자신의 발전에 저해적 요소가 된다. 교육에서 중요한 것은 남의 공이나 성공을 인정해주고 좋은 본보기로 본인도 노력을 하도록 하는 것인데, 이기적이거나 늘 칭찬받아 왔었던 사람은 자기도 모르게 자만심이 커져서 강자를 발견하면 질투와 경쟁심이 지나쳐 엉뚱한 방향으로 정력이 소모되고 그것으로 인해 누적된 스트레스로 건강을 잃을 수도 있는 것이다.

(4) 식품 환경 위생에 관한 과민성

오늘날은 과학기술의 큰 발전으로 각종 매스컴이 매우 발달되어 정보 전달의 기회가 극대화되어 가고 있다. 서민들은 매일 넘쳐흐르는 새로운 정보를 받아들게 되는데 개인의 경험과 과학적인 지식으로 그 정보를 판단하기 전에 일단은 그 정보 내용을 진실로 보게 되는 것이 보통이다. 그런 정보 중에서도 우리의 위생에 직결되는 식품이나 환경에 관한 여러 가지 정보들은 우리에게 큰 스트레스를 주는 요인이 되고 있다.

예를 들면, 여름철에 대중 식품을 검사한 결과 대장균이 많이 나오고 생선회에 비브리오균이나 살모넬라균이 나온다는 보도는 매우 흔한 일이며, 최근에는 일본 원전사고로 인한 방사능물질의 바다 유입의 심각성으로 수산식품에 대한 염려가 크게 우려되고, 농산물 검사 결과 농약이 허용치의 몇 십 배가 나오며 상수원의 오염, 수돗물에 중금속, 환경 호르몬이 검출된다는 등도 자주 있는 보도이다.

그 외에도 자동차 배기가스에 의한 대기 중 아황산가스 농도, 오존 농도, 황사 현상, 중금속 함유 미립자 농도, 지하수의 오염, 환경 소음의 증가 추세 등 헤아릴 수 없이 많다.

이런 문제를 거의 여과 없이 발표하는 매스컴이나 연구자도 문제가 없는 것은 아니지만 일단 발표된 그런 내용은 우리 시민들에게 자극이 되고 위협이 될 수밖에 없다. 전문가들이 충분히 검토하지 못한 상태의 정보가 많은데 그 정보 내용을 엄밀히 분석하면 그다지 걱정되는 일이 아닌 경우가 태반인데도 이런 정보가 서민들의 스트레스를 유발하게 되며 온통 사회를 혼란에 빠지게 하는 일이 허다한 실정이다.

과거에 유해식품으로 보도된 내용이 엄밀히 검토된 후에 전혀 문제가 되지 않았던 예는 우리 사회에 많이 있었다. 식품위생의 문제나 생활환경에 관한 불안 스트레스로 인해 신경쇠약의 증상을 보이는 사람들도 점차 늘어가고 있으니, 이런 오해 소지가 있는 각종 위생 정보는 전문가의 검증을 거쳐 발표되는 것이 매우 바람직한 일이다.

(5) 스트레스와 생체 반응계

살아 있는 사람의 몸(生體)에는 중추신경계(中樞神經系), 내분비계(內分泌系), 면역계(免疫系)의 세 가지가 네트워크를 이루고 있다.

① 중추신경계

뇌(腦), 척수(脊髓)를 말하며 몸 전체에 펼쳐져 있는 통신망 즉, 말초신경에서부터 오는 정보를 받아 그것에 대응하는 지령을 주는 조정 시스템 역할을 한다.

② 내분비계

내분비계는 호르몬을 분비하는 기관이다. 분비된 호르몬, 예를 들면 뇌의 하수체에서 분비되는 부신피질 자극 호르몬(ACTH)은 부신피질에 작용하여 코티솔(cortisol)을, 갑상선 자극 호르몬(TSH)은 갑상선에 작용하여 갑상선 호르몬 생성을 촉진하는 것과 같이, 어떤 특정의 장기에 작용하여 갑상선 호르몬 생성을 촉진하는 것과 같이, 어떤 특정의 장기에 작용하여 생리 반응을 일으킨다.

또한 호르몬은 과잉상태가 되면 내분비계의 작용을 억제하여 체내에서 언제나 일정한 상태가 유지시킴으로써, 환경의 변화에 대응하여 신체 상태를 조절하는 작용을 한다.

③ 면역계

면역계는 인체의 외부에서 침입되는 여러 가지 물질에 대하여 자기(自己)와 비자기(非自己)를 식별한다. 그리고 비자기(유해성)물질은 여러 가지 작용으로 체외로 내보내는 기능을 하는 자기 보호 체계이다. 면역계는 태어나면서 체내에 존재하는 체계와 후천적으로 얻어지는 체계가 있다. 이것을 획득 면역 체계라 하는데, 후천성 면역 결핍증인 에이즈(AIDS)는 이 후천적 면역 체계가 파괴되는 병이다. 인체는 내 · 외부에서 스트레스를 받게 되면 이들 세 가지 체계가 정상 상태를 유지하려고 작용을 한다. 중추신경과 내분비계가 미치는 면역계 기능 변화를 보면 어떤 스트레스가 인체에 가해졌을 때, 그 자극은 먼저 뇌에 있는 시상하부(視床下部)에 전달된다. 시상하부는 신경계와 내분비계를 통괄하는 사령부와 같은 것이다. 시상하부에서 발견된 정보 지령은 신경계, 혈관계를 거쳐 뇌하수체에 전달되고, 뇌하수체는 내분비계에 지령을 전하여 호르몬을 분비시킨다. 스트레스가 가해지면 시상하부는 부신피질 자극 호르몬 방출인자(CRH)라는 호르몬을 방출하여 뇌하수체에서 부신자극 호르몬(ACTH)이나 베타 엔돌핀(β-endorphin) 분비를 촉진시킨다. 분비된 ACTH는 부신피질을 자극하여 코티솔(cortisol) 호르몬을 분비시킨다.

코티솔이 많이 분비되면 면역계의 작용을 억제하지만 엔돌핀은 면역세포들을 증식 또는 활성화시키고 또 자연 살해(nctural killer. NK)세포의 기능도 강화시킨다. 엔돌핀은 대체로 면역 강화 물질이라 할 수 있다.

2. 자율신경이란

우리들이 위험, 공포, 분노 등을 느끼면 교감신경을 중심으로 생리 현상이 나타난다. 예를 들면 심장박동이 증가하거나 땀을 흘리거나 몸을 떨게 되는 현상 등이 일어나는 것이다.

이러한 격한 감정 상태와 관계있는 자율신경(自律神經)에는 교감신경(交感神經)과 부교감신경(副交感神經)이 있다.

교감신경은 공격적인 자율신경이고 부교감신경은 평화적인 자율신경이라 할 수 있다. 이들은 상반된 작용을 갖지만 필요에 따라서 서로 보완하는 기능을 갖고 있어 인체 내 감정을 조절, 유지하고 있다.

교감신경은 공격적인 자율신경이고 부교감신경은 평화적인 자율신경이라 할 수 있다. 이들은 상반된 작용을 갖지만 필요에 따라서 서로 보완하는 기능을 갖고 있어 인체 내 감정을 조절, 유지하고 있다.

교감신경은 화를 내거나 공포에 빠졌을 때 흥분하여 공격적 태세를 갖는 데 알맞은 작용을 한다. 즉, 심장 박동이 빨라지고 체내에 혈액 공급이 급증하여 동맥 수축으로 혈압도 높여, 몸 전체 구석까지 혈액 공급이 가능하게 하며 호흡도 많이 하게 한다.

또 부신수질에서 아드레날린(adrenaline) 호르몬을 분비하게 하여간에 저장된 당을 혈중에 방출하여 한 번에 많은 에너지를 낼 수 있게 한다.

교감신경, 부교감신경은 모두 뇌 또는 척수에서 나와 말초까지 분포되어 있다. 선천적으로 교감신경계의 긴장이 강하거나 부교감신경의 긴장이 강한 사람이 있는데, 이들에게 과중한 스트레스를 주면 자율신경계의 불균형이 오고 심장뿐 아니라 여러 가지 신체 기관의 이상, 즉, 질환이 유발되기 쉽다.

3. 스트레스와 자율신경 반응

자율신경은 스트레스에 매우 민감하다. 생리학자 캬논 교수는 흥분에 따른 생리학적 변화를 교감신경계의 기능이 높아지면서 생기는 현상이라 했다. 그는 동물실험 결과, 강력한 불안, 공포, 분노 등으로 흥분상태인 동물(고양이)은 침과 소화액의 분비 감소, 위, 장 등 소화기관의 움직임의 약화, 심장박동수 증가, 손발의 땀 분비, 혈당치 상승 등 동물에게 아드레날린을 투여했을 때와 같은 현상이 일어났음을 확인했다.

자율신경과 여러 장기의 관계를 볼 수 있듯이 교감신경이나 부교감신경이 연결된 장기에 스트레스에 의해 긴장상태가 전달되면 그 생리적 기능에 변화가 오게 된다. 그리고 스트레스가 사라져도 상당한 기간 동안은 정상적 기능이 회복되기 어렵다.

야마시다 교수는 스트레스의 종류를 네 가지 패턴으로 분류하여 스트레스, 즉 정서적 변동이 자율신경 기능과 갖는 대응 관계를 조사하였다.

〈표 10-2〉 스트레스에 의한 정서 변화의 패턴과 자율신경의 관계

정서의 변화 · 자율신경기능	교감신경기능	부교감신경기능
경악, 급성공포, 분노	+++	−
지속적 불안, 긴장, 흥분	++	++
불안, 휴식	−	+
실망, 우울, 비애	−	−

+++ : 강한 항진 상태, ++ : 항진 작용 상태, − : 억제상태

(자료 : 문헌 14p.70)

첫번째 패턴은 경악, 공포, 분노로 교감신경 기능이 매우 항진된 상태이고 두번째 패턴은 지속적 불안, 흥분, 긴장의 경우로 위산의 분비가 많아져서 위점막의 궤양 등이 생기기 쉬워진 상태이다. 이것은 교감신경과 부교감신경의 기능이 같이 강해져서 오는 현상이라 본다.

세번째 패턴은 강한 스트레스의 반응에서 있었던 흥분, 긴장에서 벗어나 편안한 휴식 상태가 되는 경우이다. 이 때는 부교감신경 기능이 좀 더 강한 상태가 된다.

네번째 패턴은 스트레스가 오랫동안 지속된 후에 실망, 비애에 빠지면서 교감신경과 부교감 신경이 모두 억제 되며 위산이 적게 분비되고 소화관 운동이 약해지고 심장 박동수, 혈압 등이 낮아지는 상태이다.

이와 같이 스트레스는 자율신경계와 밀접한 관계가 있어서 정신적 스트레스는 곧 생리 작용의 비정상 상태를 유발하게 되고 이것이 지속되거나 누적되면 병으로 발전되는 것이다.

4. 스트레스와 면역계의 변화

1) 스트레스 호르몬 기능 물질 인터류킨

우리의 생체 내에서 극히 적은 양으로 많은 생리 작용을 하는 생리활성 물질로 인터류킨(interleukin)이라는 것이 있다. 주로 세포 간의 상호작용, 정보 전달을 하고 생체의 항상성을 유지하는 일을 맡고 있다. 따라서 이 물질은 스트레스와 관련된 코티솔(cortisol)과 유사한 기능을 하는 스트레스 호르몬 기능 물질이다. 지금까지 많은 종류가 밝혀져 있는데 그 중 인터류킨(IL-1)의 생리작용, 정보 전달 작용만도 매우 다양한 것으로 알려져 있다(인터류킨은 현재 IL-1부터 IL-23까지 알려져 있음).

이와 같은 인터루킨류은 여러 가지 스트레스에 의해 생성이 좌우된다. 또 이로 인해 세포간 상호 작용에 변화가 생기므로 생체의 면역 기능이나 항상성 유지에 영향을 끼친다.

2) 스트레스는 면역세포를 악화시킨다.

혈액 1ml 중에는 5,000~9,000개의 백혈구와 500만 개의 적혈구가 함유되어 있는데 면역이 관계하는 림프구는 백혈구의 20~50%를 점한다.

우리 인체를 구성하고 있는 세포 중에서 림프구(면역계)와 뇌신경세포(신경계)만이 경험한 것을 기억하고 필요에 따라서 다시 그 기억을 되살릴 수 있다.

이들은 여러 가지 자극을 받아서 그것에 대응할 수 있는 생리작용을 할 뿐 아니라 생체 내에서 생긴 일을 전달하는 화학물질(신호전달)을 만들기도 한다.

림프구는 호산구(好酸球), 호염기구(好鹽基球), 호중성구(好中性球)와 같은 백혈구로 골수에서 만들어지고, 항원(抗原, 외부 침입 물질)과 반응하여 활성화되면 여러 가지 기능을 나타내며 항원을 제거하여 생체의 항상성(homeostasis)를 유지하는 일을 하는 것이다. 림프구는 항원과 반응하여 항체 생성세포(B세포)로 분화되기도 하고, 흉선 안에 분화하여 면역 정보 전달기능의 세포(T세포)로 변하기도 한다.

T세포는 여러 가지 생리활성 물질의 영향을 받아서 기능이 다른 여러 가지 세포로 발전하는데, 그 중에서 암세포나 바이러스 감염세포 등을 파괴, 제거하는 능력을 가진 세포를 세포독성 T세포(cytotoxic T cell)와 NK(natural killer)세포라 한다.

(1) NK세포의 암세포 파괴력

현재까지는 암세포 등 이질 세포에 대하여 가장 강력한 파괴력을 갖는 세포는 NK세포로 알려져 있다. NK세포의 세포질에 들어있는 과립에서 퍼포린(perforin)이라는 물질을 방출하여 암세포막을 뚫고, 세포 내에 물, 염분 등이 흘러들어가게 하여 암세포가 사멸하게 하는 것이다.

육체적 스트레스, 즉 무거운 짐을 진 채 오래 걷거나 마라톤 등으로 육체적 고통을 받는 경우도 NK세포의 활성을 감소시킨다.

(2) cytotoxic T 세포와 LAK 세포

NK세포 외에도 암세포를 파괴하는 면역세포가 있는데, 그 하나는 림프구의 일종인 cytotoxic T세포이며, 이 세포의 표면에는 항원에 반응하는 수용체(receptor)가 있다. 우리의 생체는 보통 때는 자기 세포에 대해서는 항체를 만들지 않지만, 암세포 같은 비자기(非自己)세포에 대해서는 항체를 만들어 그것을 제거하려는 면역기능을 한다.

LAK(lymphokine activated killer)세포는 림프구의 일종인데 T세포에서 나오는 생리 활성물질 IL-2에 의해 활성화되면, NK세포와 같이 암세포 파괴를 한다. 스트레스는 LAK세포의 기능도 약화시킨다.

3) 스트레스와 피부 미용

우리의 일상생활에서 자주 만나는 사람들끼리 서로 만났을 때 얼굴빛이나 모습이 약간 이상한 경우 몸이 불편한가 걱정이 있는가 하고 안부를 묻게 된다. 그것은 몸의 이상이나 걱정이 모두 스트레스가 되어 제일 먼저 눈에 띄는 대표적인 피부, 즉 얼굴에 이상이 먼저 나타나기 때문이다. 스트레스가 인체에 미치는 영향은 진술한 바 같이 신경계, 내분비계, 면역계에 밀접한 상관관계를 가지고 있는 만큼 우리 몸에서 최대의 기관인 피부도 스트레스에 의해 큰 변화가 생기는 것은 연쇄적 결과라 하겠다.

이러한 결과에 대한 의학적 근거는 각종 장기와 자율신경 중 교감신경과의 관계에서 논한 바와 같지만, 스트레스와 여러 가지 장기, 기관 그리고 피부와 관계를 설명하면 다음과 같다.

(1) 심장박동과 혈압변화와 피부

스트레스를 받으면 곧 중추신경계에 상황 정보가 전달되고 반응이 생기며 교감신경과 부교감신경이 관련된 모든 기관에 비상 상태를 인식하는 신호가 전달되어 그 기관은 항상성(homeostasis)을 유지하는 방향으로 반응이 생기게 되는데 그 중 가장 예민한 기관이 심장이다.

스트레스의 종류에 따라 차이는 있으나 심장의 박동수가 먼저 달라진다. 흥분, 공포, 불안을 느낄 경우는 심박수가 빨라지고, 각 기관에 혈액 공급량이 많아지며, 혈압이 상승하고, 피부에서도 대사량이 많아지고, 발한(땀)이 많아진다. 또 절망, 우울에 빠지면 심박수는 감소하고 혈압이 강하되며 말초기관인 피부는 혈행이 나빠지며 산소나 영양 공급 노폐물 제거 등의 신진대사 기능이 저하된다.

이 같은 일시적 충격이 지나도 피부의 대사생리는 곧 회복되지 않고 장시간 영양 공급, 소모가 균형을 잃고 표피의 수분 탈수가 커져서 피부는 주름살이 생기고 거칠어지게 되며, 여러 가지 피부 기능이 감소되고 노화가 촉진되는 것이다.

(2) 소화기관의 약화와 피부

지속적인 불안이나 긴장, 흥분, 분노 등 스트레스는 부교감신경에 영향을 많이 주어서 소화기관의 유동운동이나 효소 분비 등이 저하되는 반면, 위산 등은 분비가 항진되기 쉽다. 위의 변화는 신경성 위염이 먼저 오게 되고 위산의 과다로 인한 위벽의 궤양도 오는 일이 많다. 소장의 소화효소 분비도 저하되고, 대장은 수분을 위시한 영양 물질의 흡수 기능이 저하되어 체내의 수분이나 영양 물질의 공급이 원활하지 못하게 된다. 가장 먼저 쉽게 느끼는 것은 갈증과 입속에 침이 마르는 듯한 느낌이다. 이러한 상태가 오래 계속되면 피부에 영양분이 충분히 공급될 수 없으며 손톱, 발톱, 머리, 수염 등의 성장이 떨어진다. 더 오래 계속되면 모근의 모유두가 줄어들게 되고 탈모 현상이 생기게 된다.

오랫동안 고민에 빠져 있거나 심한 스트레스를 겪은 사람이 머리가 탈모되는 현상은 흔히 볼 수 있는 일이며, 이런 경우는 피부에 계속 공급되는 피지량이 감소되어 피부의 유연성도 감소되는 것이다. 이런 현상은 나이가 들수록, 즉 노년에 심하게 나타난다.

(3) 면역계의 변화와 피부

스트레스와 면역계와 상관은 매우 크다. 피부를 통해서 우리 몸에 들어오는 세균, 바이러스, 기타 이물질(항원)을 제거하는 면역 기능은 림프구, 대식세포 등 면역세포와 항원을 제거하는 큰 역할의 항체(Ig 단백질)나 인터류킨 등 체액성 및 세포성 면역물질에 의한 것이며, 이 면역체계는 신경계, 내분비계와 연관된 만큼 스트레스가 면역 기능을 저하시킨다는 것은 잘 알려져 있는 일이다. 피부의 진피 중에 많은 면역세포인 대식세포(macrophge)는 일차적으로 피부에서 침투되어 오는 이물질이 세균 등을 제어하는데, 스트레스를 받고 있는 상태에서는 그 기능이 약화되어 방어를 못하게 되고 경우에 따라서는 특이한 반응을 보이는 일도 있다. 특수한 체질(캐로이드 체질 등)을 가진 사람의 경우가 아니라도 면역력이 저하된 사람은 침입하는 이물질, 세균 등에 의해 저항력이 저하되어 쉽게 염증 등 증상을 나타내는 것이다. 화장품의 사용에서 전에 없었던 피부 트러블이 갑자기 일어나는 것도 스트레스에 의한 면역력의 저하에서 오는 경우가 많다.

스스로 스트레스에 강해지는 방법을 찾자!

Beauty and Health

미용과 건강

CHAPTER

11

부록

1. 심장 건강에 좋은 음식

심장질환을 일으키는 요인은 많이 있다. 염증이 생겨서 일 수도 있고 혈압이 높아서도 생길 수 있다. 먹으면 심장건강에 좋은 음식들이 있다. 우리 몸의 중요 기관인 심장은 콜레스테롤과 혈압 수치 등을 떨어뜨리고 몸에 해로운 작용을 하는 염증과 싸우는 데 도움을 주는 음식들이 대체로 심장 건강에도 좋은 편이다. 건강하게 심장을 지키기 위해 식사 때 혹은 간식으로 먹으면 도움이 될 만한 음식들을 알아본다.

1) 고구마

중간 크기의 고구마 하나에는 하루 칼륨 섭취 권장량의 12%를 채울 수 있는 양의 칼륨이 들어 있다. 칼륨이 풍부한 대표적인 음식으로 꼽히는 바나나가 개당 권장량의 9%를 제공하는 것을 비교해본다면, 고구마가 칼륨 공급원으로서의 기능이 아주 많다. 칼륨은 소변을 통해 나트륨이 배출될 수 있도록 돕고 혈압 수치를 떨어뜨리며 혈압을 조절한다. 칼륨을 충분히 먹는 사람은 뇌졸중 위험률이 떨어진다는 연구보고도 있다.

2) 땅콩

아몬드, 호두 같은 다른 견과류도 건강상 좋은 점이 많지만 심장 건강과 연관해서는 특히 땅콩은 주의해서 섭취해야 한다. 땅콩에는 아미노산 L-아르기닌이라는 물질이 들어있는데, 이 물질은 콜레스테롤 수치를 조절하고 혈관의 기능을 향상시킨다. '영양저널(Journal of Nutrition)'에 실린 논문에 따르면 포화지방 함량이 높은 식사를 한 뒤 땅콩을 먹으면 이런 장점이 두드러진다. 나쁜 콜레스테롤의 수치를 떨어뜨리는 항산화성분인 비타민 E 역시 풍부하다.

3) 요거트

유산균이 풍부한 요거트가 소화기관의 건강에 좋다는 것은 익히 잘 알려진 사실이다. 그런데 소화기관 내 미생물군의 구성이 건강하게 바뀌면 심장도 더욱 건강해지기 마련이다. 매일 요거트를 먹으면 심장병 위험률이 눈에 띄게 낮아진다는 중국의 연구결과가 있다.

단, 당분이 많이 들어간 요거트가 아니라 반드시 플레인 요거트여야 한다. 또 유럽영양저널(European Journal of Nutrition)에 실린 논문에 따르면 고지방 유제품은 무지방 유제품보다 심장병 위험률을 높이지 않는다. 지방은 포만감을 높이는 기능도 하므로 무지방 요거트보다는 저지방 요거트를 택하는 편이 낫다.

4) 달걀

건강한 사람이 하루에 한 개씩 달걀을 먹으면 심장병 위험률이 특별히 높아지지 않는다는 보고가 있다. 한때 달걀에 든 콜레스테롤은 심장 건강에 나쁜 영향을 미칠 수 있다는 오해를 받았지만 최근에는 달걀에 든 식이성 콜레스테롤이 혈중 콜레스테롤 수치를 높이지 않는다는 주장이 보다 대세를 이루고 있다. 달걀에는 카로티노이드라는 물질도 들어있다. 이 물질은 항염증, 항산화성분으로 기능한다. 달걀에는 혈관이 팽창하는 데 도움이 되는 아르기닌도 들어있어 여러모로 심장건강에 도움이 된다.

출처 : 코메디닷컴 | 네이버 포스트
http://naver.me/FgMSDuJF

2. 당뇨병에 안 좋은 음식

당뇨병은 일종의 대사장애로, 이 질환을 관리하는 데는 음식이 중요한 역할을 한다. 당뇨병 위험을 낮추거나 혈당 조절에 도움이 되는 음식이 있는 반면, 증상을 악화시키거나 합병증을 유발하는 음식도 있다.

1) 튀긴 음식

감자 칩이나 프렌치프라이, 튀긴 고기 등에는 포화지방이 많이 들어 있다. 이런 지방은 소화를 느리게 한다. 이 때문에 혈당을 즉시 증가시키는 대신 몇 시간 후에 포도당 수치가 최고조에 달하게 된다. 또한 포화지방은 나쁜 콜레스테롤을 증가시키는 원인이 된다.

2) 핫도그, 베이컨 등 지방이 많은 가공육

당뇨병에는 염분이 적게 든 저지방 식품이 좋다. 가공육은 지방과 염분 함량이 모두 높다. 이런 가공육은 심장마비와 뇌졸중 위험도 증가시킨다는 연구가 있다.

3) 당분이 많은 식품 (캔디, 쿠키, 시럽) 등

미국의 건강, 영양 전문가인 조이 바우어는 "당분이 많이 든 캔디, 쿠키 등은 영양가가 부족한 대표적인 식품"이라며 "이런 것들은 혈당 수치를 급격하게 올리고 살을 찌우기 때문에 당뇨병을 더 악화시킨다"고 말했다.

4) 흰 밀가루와 흰쌀 등 정제된 곡물

쌀과 밀가루 등의 곡물이 껍질을 벗겨내는 정제 과정을 거치게 되면 섬유질이나 각종 영양소가 거의 없어진다. 따라서 정제된 곡물은 '나쁜' 탄수화물만을 공급하게 되고 영양가는 없고 열량만 높은 반면 몸에서 빠르게 흡수된다. 이는 혈당에 영향을 주는 인슐린 분비를 촉진시키게 된다.

5) 통조림 과일, 잼, 젤리와 저장 식품

이런 식품들 속에는 너무 많은 당분이 들어 있다. 당분 함량이 높은 말린 과일 역시 당뇨병에 좋지 않다.

6) 탄산음료

연구에 따르면 당분이 많이 든 음료를 하루에 1~2캔씩 꾸준히 마시는 사람은 그렇지 않은 사람에 비해 제2형 당뇨병에 걸릴 가능성이 26%나 높아지는 것으로 나타났다. 탄산음료는 영양가는 없고 열량만 높은 대표적 식품으로 체중 조절은 물론 포도당 수치에도 역효과를 미친다.

저작권 '건강을 위한 정직한 지식' 코메디닷컴
(http://www.kormedi.com)

3. 뱃살 없애는 음식

영국의 영양학자인 길리안 맥키스 박사가 뱃살을 줄이고 복부팽만감을 없애는 음식을 소개했다.

1) 생강차

생강을 먹거나 생강차를 마시면 소화가 잘 돼 살찌는 걸 막을 수 있다. 또 생강에는 복부 팽만감을 가라앉히는 성분이 있다.

2) 바나나

큰 바나나 하나에는 칼륨이 약 600mg 들어 있다. 칼륨은 체내 나트륨 수치를 조절해 가스가 차 배가 빵빵해지는 것을 막는 데 도움을 준다.

3) 파인애플

달콤하고 과즙이 풍부한 파인애플은 소화를 촉진하고 복부팽만을 줄여주는 효소인 브로멜라인을 갖고 있다.

4) 파슬리

샐러드나 스파게티 같은 음식에 뿌려먹을 수 있는 파슬리는 소변이 잘 나오도록 돕는 천연 이뇨제다.

5) 샐러리

아삭아삭한 식감이 좋은 샐러리에는 수분 밸런스를 지켜주는 나트륨과 칼륨이 함유돼 있다.

6) 치커리

치커리는 복부팽만감을 가라앉히는 데 도움이 되고 장 속의 좋은 세균의 활동을 돕는다.

7) 현미와 잡곡

현미와 수수, 조 등 잡곡에는 식이섬유가 많아 장 기능을 촉진하고, 소화를 돕는 세균의 활동을 촉진한다.

저작권 '건강을 위한 정직한 지식' 코메디닷컴
(http://www.kormedi.com)

4. 간 해독에 좋은 천연 음식

간이 지쳐있을 때 간 해독 기능을 가진 자연 식품을 섭취하는 것도 간 건강을 위해 좋은 방법이다.

피로, 과음 등으로 간에 쌓인 독성 성분은 만성 피로 등 만병의 근원이 될 수 있다. 미국의 간 기능 전문 연구 사이트 '리버서포트닷컴'이 간 해독에 좋은 식품을 소개했다.

1) 브로콜리

브로콜리나 콜리플라워 등 십자화과 채소는 인체의 글루코시놀레이츠 양을 증가시킨다. 글루코시놀레이츠는 항암 작용을 하는 것으로도 알려져 있다. 또 비타민 C 등과 함께 해독 기능을 한다. 간에서 해독 효소를 증가시켜 독소를 배출시킨다.

2) 마늘

마늘은 많은 건강상의 혜택을 갖고 있다. 그 가운데 하나가 간 해독 기능이다. 마늘은 알리신 및 셀레늄 성분을 함유하고 있는데 이들 성분이 간을 깨끗하게 만드는 데 도움을 준다.

마늘은 또한 황 성분을 갖고 있으며, 이것이 몸의 독소를 제거하는 작용을 한다. 아울러 마늘은 콜레스테롤과 중성지방 수치를 낮춰주는 효과도 있다.

3) 자몽

비타민 C와 글루타티온을 다량 함유한 자몽은 간의 자연 정화 과정을 증진시킨다. 자몽 하나에는 70㎎의 글루타티온이 들어 있다.

글루타티온은 바로 간 해독 효소의 생산을 돕는 역할을 하는 단백질이다. 게다가 자몽의 펙틴 성분(식물체에 널리 분포되어 있는 콜로이드성의 다당류)은 콜레스테롤 수치를 낮춰주는 기능도 있다.

4) 사과

사과는 식이 섬유와 비타민, 미네랄, 그리고 플라보노이드와 같은 식물성 화학 물질을 함유하고 있다. 이들 모두 해독 과정에 관여한다.

사과 한 개에 들어있는 플라보노이드 성분은 담즙 생산을 자극하고 담즙은 해독 작용을 하게 된다. 또한 사과의 펙틴 성분은 혈액 속 금속 성분을 제거하는 데 기여한다.

5) 호두

호두와 같은 견과류는 아르기닌 성분을 함유하고 있다. 아미노산의 일종인 아르기닌은 간에서 암모니아를 제거하는 데 도움을 준다. 또 호두에는 글루타티온과 오메가-3 지방산 성분도 많이 들어있는데 이 역시 해독 작용을 돕는다.

저작권 '건강을 위한 정직한 지식' 코메디닷컴
(http://www.kormedi.com)

5. 노화 늦추는 음식

각종 연구에서 음식은 건강하게 나이 들어가는 데 있어서 가장 중요한 요소인 것으로 나타났다. 그렇다면, 노화 방지는 어떤 것을 말할까. 빛나는 머릿결과 피부, 활발한 신체 활동, 긍정적 사고방식을 유지하고 만성 질환을 막는 것 등이다.

전문가는 색깔이 다양한 채소와 과일, 단백질이 풍부한 살코기, 불포화 지방과 섬유질이 풍부한 곡물, 저지방 유제품을 많이 먹고, 염분, 당분과 칼로리가 높은 가공 식품을 피하는 것이 항 노화의 지름길이라고 말한다. 미국의 정보 사이트 '투데이닷컴'이 노화를 막는 음식 5가지를 소개했다.

1) 블루베리

항산화제의 일종인 안토시아닌 성분이 많이 들어 있다. 자연적으로 단맛을 내기 때문에 천연 캔디로 불리는 블루베리는 그냥 먹어도 좋고 요구르트나 샐러드 등에 넣어서 먹으면 영양과 풍미를 더한다. 다양한 베리류에는 블루베리와 비슷한 효능이 있다.

2) 아몬드

견과류에는 비 동물성 단백질이 풍부하게 들어 있다. 또 심장 건강에 좋은 지방과 마그네슘, 아연 등도 많이 들어있다. 아몬드와 호두, 피스타치오 등 견과류를 칼로리를 계산하며 먹으면 좋다. 하루 권장 섭취량은 1온스(약 28g).

3) 연어

단백질이 풍부해 근육을 형성하는 데 좋다. 또 심장과 신경 건강에 좋은 오메가-3 지방산이 풍부하다. 오메가-3는 피부와 모발 건강에도 좋다. 연어를 대신할 수 있는 것으로는 정어리, 홍합, 청어, 송어, 광어(넙치) 등이 있다.

4) 녹차

항산화제가 풍부한 음료이다. 감미료가 첨가된 음료수 대신에 녹차를 마시면 심장과 혈관 건강에 좋은 플라바놀을 충분히 섭취할 수 있다. 연구에 따르면 녹차는 하루에 5잔 이상을 마셨을 때 효과가 극대화되는 것으로 나타났다.

5) 양배추, 브로콜리 등 십자화과 채소

양배추 같은 십자화과 채소에는 항산화제가 풍부하며 꾸준히 섭취했을 때 암 발생 위험을 줄여주는 비타민과 미네랄, 섬유질 등 각종 영양소가 많이 들어있다. 십자화과 채소로는 브로콜리, 콜리플라워, 방울 양배추 등이 있다.

저작권 '건강을 위한 정직한 지식' 코메디닷컴
(http://www.kormedi.com)

6. 비타민D, 노화 늦추는 데 도움(연구)

비타민 D가 수명을 늘리고 노화와 질병을 일으키는 독소 단백질의 축적을 막는다는 동물 실험 결과가 발표됐다.

미국 캘리포니아의 버크노화연구소 고든 리스고 교수 연구팀은 비타민 D가 동물 몸 속 '예쁜꼬마선충'의 단백질 기능을 강화해 노화를 늦추는 데 도움을 주는 효과를 발견했다. 예쁜꼬마선충의 평균 수명은 33% 늘어났다.

비타민 D는 단백질의 모양과 기능을 장기간 유지하는 '단백질 항상성'을 늘린다. 다시 말해, 비타민 D는 제대로 활동하지 못하는 단백질을 줄여 노화에 따른 질병을 일으키는 독성을 차단한다. 인간에서 이런 독성단백질은 알츠하이머 치매, 파킨슨병을 일으킨다.

리스고 교수는 "예쁜꼬마선충에서 비타민 D는 장수 유전자에 관여해 잘못 접혀진 단백질을 바르게 교정한다"며 "이 발견은 노화와 질병의 실제 관계를 규명하는 의미있는 연구"라고 했다.

이와 관련해 비타민 D의 효과가 인간에도 적용되느냐가 남은 과제다. 리스고 교수는 "노화 과정은 벌레나 포유류나 비슷하다. 비타민 D는 종에 상관없이 작용할 가능성이 높다"고 말했다. 해당 연구 결과는 '셀리포트' 저널에 실렸다.

저작권 '건강을 위한 정직한 지식' 코메디닷컴
(http://www.kormedi.com)

7. 조심해야 할 편두통 유발 식품 5가지

편두통은 머리 한쪽에서 나타나는 두통을 가리킨다. 그러나 의학적으로 편두통은 일측성, 박동성 통증이 일정 시간 이상 지속되고, 구역이나 구토 및 빛이나 소리 공포증이 나타나는 특징적인 두통을 말한다.

편두통은 연령 및 성별에 따라 유병률에 많은 차이를 보이는데 주로 젊은 여성에게서 많이 발생한다. 국내의 조사에 의하면 편두통의 유병률은 6.5%로 추산되며 여성에게서 남성에 비해 약 3배 정도 많이 발생한다.

또한 편두통은 중등도 이상의 강도를 보이기 때문에 편두통 환자의 약 80% 정도가 두통으로 인하여 일상생활에 지장을 받는다고 한다. 편두통은 심장이 뛰는 것처럼 지끈거리는 통증이 특징이다.

편두통의 원인은 다양하다. 음식, 호르몬의 변화, 스트레스, 수면 습관, 환경의 변화 등이 그것이다. 이 가운데 음식 섭취로 인한 편두통이 상당 부분을 차지하고 있다. 미국의 건강정보 사이트 헬스라인이 편두통을 일으키는 음식에 대해 소개했다.

1) 소시지

아질산염은 육류의 색감과 질감을 내기 위해서 사용한다. 소시지, 핫도그, 베이컨, 훈제 생선, 캔에 들어있는 햄, 소금에 절인 소고기 등은 아질산염이 많이 든 경우가 많다. 이 성분에 민감한 사람의 뇌 표면, 안면 및 두피 부위의 혈관을 확장시켜 편두통을 야기한다.

2) 술

레드와인을 즐겨먹는 사람 가운데 편두통을 경험하는 사람이 있다. 레드와인에 포함된 티라민이라는 성분 때문이다. 티라민은 혈관을 수축시켜 혈압을 상승시키는 작용을 한다. 이에 따라 두통이나 편두통을 일으킬 수 있다. 맥주도 편두통의 원인이 될 수 있다.

3) 절인 음식이나 발효 식품

산에 절인 청어나 피클 등은 편두통의 원인이 될 수 있다. 음식이 숙성, 발효되는 과정에서 티라민 성분이 발생한다. 이 성분은 뇌 표면 혈관의 수축과 팽창을 촉진시켜 두통을 유발한다.

4) 화학조미료(MSG)

맛을 내는 글루탐산나트륨이 들어 있는 MSG는 편두통의 원인이 될 수 있다. 이 때문에 MSG를 사용하는 음식을 자주 먹거나 과식하면 머리가 아픈 증상이 생길 수 있다.

5) 초콜릿

초콜릿을 너무 많이 먹으면 편두통이 생길 수 있다. 초콜릿에 들어 있는 페닐에틸아민 성분이 몸속으로 많이 들어오면 뇌의 혈관을 조여서 머리가 욱신거리는 증상이 나타날 수 있다.

저작권 '건강을 위한 정직한 지식' 코메디닷컴
(http://www.kormedi.com)

8. 칡과 음주욕구의 감소

술은 담배와 달리 하루에 1~2잔 정도 소량을 마시면 건강에 도움이 되는 측면이 있다. 하지만 중독성이 있어 절제하기가 쉽지 않다.

이와 관련해 칡이 과음을 막고 알코올중독 재발을 줄인다는 연구결과가 있다. 알코올중독에 대한 민간요법으로 중국에서 많이 쓰이는 칡의 효과가 과학적으로 증명된 것이다. 미국 캘리포니아대학교 연구팀은 쥐 실험을 통해 칡을 먹으면 술을 덜 마시게 되고 다시 술을 마시고픈 마음도 줄어든다는 것을 확인했다.

연구팀은 칡 성분을 토대로 만든 'CVT-10216'라는 물질을 술을 마시게 한 쥐에게 먹였다. 그러자 이 성분은 술을 섭취한 쥐의 몸에 아세트알데히드가 쌓이게 했다.

아세트알데히드는 술이 체내에서 분해되는 과정에서 생기는 물질로 구토와 두통 같은 숙취 효과를 일으키는 주범이다.

즉, CVT-10216의 효과로 술을 마시는 도중에 아세트알데히드가 몸에 쌓이면 '술맛이 떨어지게' 된다. 효과는 여기서 그치지 않았다.

뇌의 흥분 물질인 도파민 생성을 줄여 술을 마시고 싶은 욕구도 줄이는 효과가 있었다. 알코올중독자들은 술을 끊은 지 5일쯤 지나면 술을 찾아 폭음하게 되는데 이때 도파민이 중요한 역할을 하는 것으로 추정되고 있다. CVT-10216는 도파민 생성을 줄여 알코올중독 재발의 유혹을 줄여준다는 것이다.

저작권 '건강을 위한 정직한 지식' 코메디닷컴
(http://www.kormedi.com)

9. 우울증을 자연스럽게 예방하는 법 6가지

아침에 잠자리에서 일어나기 정말 싫을 때가 있다. 동기도 없고 재미라고는 없을 때이다. 하지만 이렇게 잠자리에서 일어나기 싫은 때가 며칠이나 몇 주간 계속 된다면 우울증을 의심해 볼 수 있다. 미국의 경우 우울증은 여성의 8%, 남성의 4%에 영향을 주고 있다.우울증을 해결하는 방법은 전문의가 처방해주는 약을 복용하는 것이다. 그러나 약은 중독성이 있고 부작용이 발생할 수도 있다. 이 때문에 자연 치료법이 권장된다. 이와 관련해 미국의 건강 포털 리브스트롱닷컴이 우울증을 자연스럽게 치료하는 방법 6가지를 소개했다.

1) 세인트존스워트

이 식물은 주로 유럽에서 중앙아시아에 걸쳐 분포하는 여러해살이 허브다. 세인트존스워트의 성분 중에 약한 SSRI(선택적 세로토닌 재흡수 억제제) 작용이 있어서 구미 지역에서는 이것을 주성분으로 하는 제품이 널리 분포하고 있다.

29개의 연구결과를 토대로 한 연구에 따르면 심하지 않은 우울증을 앓고 있는 환자들이 세인트존스워트를 섭취했을 때 항우울제보다 부작용이 훨씬 적은 것으로 나타났다. 단 세인트존스워트는 항우울제나 항불안제와 같이 복용하면 부작용이 있을 수 있기 때문에 섭취 전에 전문의와 상의를 해야 한다.

2) 요가

우울증의 원인이 불안과 염려 등에 있다면 요가는 큰 도움이 된다. 요가를 하면 스트레스 호르몬인 코르티솔을 감소시키고 평안함과 웰빙의 느낌을 증가시킨다. 요가는 걱정스런 마음을 다스리고 평안한 느낌을 가지게 한다.

3) 운동

운동은 신체뿐만 아니라 정신도 긍정적으로 유지시키는 데 도움이 된다. 연구에 따르면 적당한 강도의 운동은 우울증 증상을 감소시키며 예방에도 도움이 된다.

운동을 하는 사람과 운동을 잘 하지 않는 사람을 비교했을 때도 운동을 꾸준히 자주 하는 사람은 우울증에 걸릴 위험이 30% 낮아지는 것으로 나타났다.

4) 음악 치료

음악은 기분을 좋아지게 만들기 때문에 사람들이 좋아한다. 연구에 따르면 우울증 환자에게 음악을 듣게 했더니 기분이 크게 고조되는 것으로 나타났다. 징이나 수정 그릇을 사용하는 즉흥적인 연주 등을 포함하는 음악 치료가 환자들을 휩싸면서 편안하게 하게 만든다.

5) 심리치료

약을 복용하지 않고 긍정적으로 살 수 있는 한 가지 방법이 심리치료법이다. 기분은 생각에 따라 좌지우지되기 때문에 정신 요법 의사는 더 긍정적인 생각을 가질 수 있도록 도움을 줄 수 있다.

특히 심리치료의 하나로 인지치료가 있다. 인지치료는 우리의 생각을 변화시킴으로써 힘든 감정을 다스리는 것으로 현재 대부분의 정신건강의학과 질환에서 가장 효과적인 비 약물적 치료로 인정받고 있다.

6) 명상

명상을 통해 마음 챙김을 하게 되면 불안장애나 강박장애를 겪고 있는 환자들에게 도움이 된다. 마음 챙김은 불교 수행 전통에서 기원한 심리학적 구성 개념으로 현재 순간을 있는 그대로 수용적인 태도로 자각하는 것을 말한다. 이런 마음 챙김은 우울증 증상을 완화하는 데에도 도움이 된다.

저작권 '건강을 위한 정직한 지식' 코메디닷컴
(http://www.kormedi.com)

10. 폐를 튼튼하게 하는 방법 7가지

심장을 튼튼하게 하는 방법은 많이 알려져 있다. 유산소운동을 꾸준히 하고 건강에 좋지 않은 지방을 제한하는 것 등이다. 이에 비해 폐(허파)를 건강하게 하는 방법들은 잘 알려져 있지 않다. 건강 정보 사이트 '액티브비트닷컴'이 미국폐협회(ALA) 연구원들의 조언을 토대로 폐 건강을 증진시키는 방법 7가지를 소개했다.

1) 대기상태를 모니터하라

도시에 살고 있다면 대기상태에 대한 정보를 늘 체크해봐야 한다. 오염 정도가 심하거나 미세먼지, 황사 경보가 내려지면 운동 등을 자제하고 야외 활동 시 마스크를 착용하는 등의 조치를 취해야 한다.

2) 채소를 통해 항산화제 섭취를 늘려라

산화 반응을 차단하는 항산화제와 항암 특성이 있는 글루코시놀레이트 등의 영양소가 풍부한 식품은 폐 기능과 건강에 효과가 있다.

연구에 의하면 이런 성분이 풍부한 십자화과 채소(브로콜리, 근대, 청경채, 케일, 방울양배추 등)를 1주일에 5번 이상 먹는 사람들은 이런 채소를 적게 먹는 사람에 비해 폐암 발생 위험이 50%나 낮은 것으로 나타났다.

3) 운동을 하라

조깅이나 수영을 한다고 폐 크기를 늘리지는 못하지만 심폐 기능을 향상시킬 수가 있다. 연구에 따르면 정기적으로 운동을 하면 심장과 근육으로 가는 산소 공급이 증가하고 폐 안에 있는 호흡근이 강화되는 것으로 나타났다.

4) 환경 친화적인 제품을 사용하라

페인트나 섬유유리, 세척제, 절연제 등 집에서 사용하는 물품에 해로운 가스나 독성이 있는 물질이 들어 있으면 폐를 위험에 빠뜨릴 수 있다.

집안에서 쓰는 물건들을 환경친화적인 것들로 개선시켜야 한다. 수성 페인트나 화학물질이 들어 있지 않은 세척제 등을 사용해 휘발성 유기 화합물에 노출되는 것을 제한해야 한다.

5) 담배를 완전히 끊어라

흡연이야말로 폐를 망치는 최악의 것이다. 담배를 피우면 만성폐쇄성폐질환을 비롯해 폐기종, 만성 기관지염, 폐암 위험이 급증한다.

연구에 의하면 담배 연기에 노출되는 간접흡연도 폐암의 주요 원인으로 나타났다. 폐암의 85%가 흡연과 연관돼 있으며 폐질환 발생 위험은 흡연 기간과 흡연 양에 달렸다.

6) 호흡기 보호 장비를 착용하라

용접 기사나 건설 근로자, 도장공, 미용사 등 먼지나 화학물질, 연기, 폐기물 등에 노출되는 직업을 가진 사람들은 호흡기를 보호하는 장비를 반드시 착용해야 한다.

7) 실내 공기 오염 물질을 차단하라

외부뿐만 아니라 실내에서도 공기 오염에 쉽게 노출될 수 있다. 애완동물의 비듬이나 곰팡이, 건축 자재, 방향제, 환기 시스템, 벽난로 등이 실내 공기의 질을 떨어뜨릴 수 있다. 실내 환기구와 카펫 등을 정기적으로 청소하고 곰팡이가 핀 곳이 없는지 살펴보는 등 실내 환경을 깨끗하게 유지해야 한다.

저작권 '건강을 위한 정직한 지식' 코메디닷컴
(http://www.kormedi.com)

11. 여름과일과 건강 관리

1) 당뇨환자는 여름과일을 함부로 섭취하지 말자

땀을 많이 흘리는 여름에는 과일, 음료수, 아이스크림, 빙수 등 당분을 섭취하기 쉬워 더욱 당뇨병 관리에 신경 써야 한다.

2) 여름과일은 함부로 섭취 시 위험하다.

차의과학대학교 분당차병원 내분비내과 김수경 교수에 따르면 당뇨병 환자의 올바른 식사요법 원칙은 적절한 영양 공급과 표준 체중 유지다. 혈당 관리를 위해 야채 등 섬유소가 많은 식품 섭취는 늘리고, 설탕이나 꿀 같은 단순당의 섭취를 피해야 한다. 특히, 여름철에 즐겨 먹는 수박, 포도, 탄산음료, 과일주스는 혈당을 급격히 올리기 때문에 주의해야 한다.

날씨가 더울수록 입맛까지 잃기 쉽지만, 혈당 관리에 가장 중요한 것은 규칙적인 식사와 균형 잡힌 메뉴다. 입맛을 유지하면서 알맞은 열량을 맞추기 위해 냉채, 오이냉국, 겨자채 등 미각을 돋우는 식단을 마련하는 것도 좋다.

땀을 많이 흘리면 수분이 빠져나가 탈수가 발생하고, 혈당이 높아질 수 있다. 따라서 수분 섭취에도 신경 써야 한다. 그러나 대부분의 음료수에는 단순당이 많아 혈당 관리에 좋지 않다. 또 열량이 있는 이온 음료도 지나치게 마시는 것을 피해야 한다.

김수경 교수는 "무가당이라고 표기된 음료수에도 설탕이나 포도당 대신 과당이나 당알코올이 들어있는 경우가 많으므로, 원료나 첨가물, 영양소 함량 등의 표기를 먼저 확인해야 한다"며 "갈증이 나거나 땀을 많이 흘렸을 경우엔 시원한 냉수나 끓여 식힌 보리차를 마시는 게 좋다"고 조언했다.

12. 발 위생관리 철저히 하기

당뇨병 환자가 여름철에 가장 조심해야 할 신체 부위는 발이다. 더운 날씨에 습기가 많고 야외 활동이 늘어나면서 족부 궤양을 포함한 다양한 종류의 당뇨병성 족부 병변 발생이 우려되기 때문이다.

당뇨병성 족부 병변을 예방하려면 발을 깨끗이 하고 잘 확인하는 것이 우선이다. 발 감각이 떨어진 만큼 씻는 물의 온도는 손으로 먼저 확인한다. 발을 씻은 후에는 발가락 사이사이까지 충분히 말리고, 보습에도 유의한다. 슬리퍼나 샌들은 피하고, 사이즈가 살짝 넉넉하면서 발가락과 뒤꿈치 부분이 막힌 편안한 신발을 신는다.

발에 상처가 나거나 물집이 잡힌 경우, 굳은살이 생긴 경우, 발 색깔이 변한 경우에는 바로 병원을 찾는다. 물가나 해변, 수영장에서 맨발로 다니는 것은 금물이다.

특히 유난히 다리와 발이 화끈거리거나 저리고, 통증이 나타나면 족부 질환 합병증 가능성이 높다. 이런 증상이 있다면 의사와 즉시 상의해야 한다.

13. 음식 궁합 (함께 먹으면 좋은 음식과 안 되는 음식)

1) 함께 먹으면 좋은 음식

(1) 연어와 생크림

연어는 샐러드, 스테이크, 회 등 다양하게 활용되어 음식으로 쓰인다. 비타민 D가 많은 연어는 생크림과 의외의 음식 궁합을 보인다. 비타민 D는 뼈를 형성하고 유지하는 칼슘을 흡수하기 때문에 생크림처럼 칼슘이 많은 유제품과 함께 먹으면 더욱 풍부한 영양을 흡수할 수 있다.

(2) 두부김치 (두부와 배추의 음식궁합)

두부는 콩을 원료로 만들어 식물성 단백질이 풍부하지만 상대적으로 식이섬유와 비타민이 부족하다. 이 부족한 영양소를 배추에 들어있는 섬유소와 비타민 C가 보충해 줄 수 있다. 또한 두부와 배추 모두 저열량, 저지방 음식으로 건강한 식습관을 유지하며 다이어트에 매우 좋다.

(3) 메밀국수와 무

메밀은 몸을 차갑게 하는 성질이 있어 여름철 더위를 식히는 좋은 음식이지만 그만큼 체내의 열이 빠져나와 많이 먹으면 배탈이 날 수 있다. 이럴 때 몸을 따뜻하게 해주는 성질이 있는 무를 먹으면 도움이 된다. 무는 천연 소화제라고 할 만큼 소화를 촉진시키는 효소가 함유되어 있어 메밀의 독성을 잡아준다.

출처 : HMG 저널

(4) 로열젤리와 매실

로열젤리의 활성은 워낙 미묘하고 불안정해서 산도 등이 바뀌면 효력을 잃게된다. 매실은 위장에서 가장 산성반응을 나타내므로 유산균의 발육을 억제해 식중독을 예방하거나 치료하는 역할을 한다. 로열젤리와 매실을 함께 먹거나 섞으면 로열젤리의 활성물질이 산도의 갑작스러운 변화를 받게 되는데 로열젤리의 효과는 없어지고 매실의 특성은 약화될 수 밖에 없는 것이다.

(5) 복어와 미나리

미나리는 복이 가진 독성을 없애주는 역할을 한다. 복에 들어있는 테트로도톡신이란 강력한 독성성분은 동물성 자연독 중 가장 강해 물에도 잘 녹지 않고 가열해도 잘 없어지지 않는다.

그러나 미나리의 칼슘, 칼륨, 철 등의 무기질 성분이 복어의 독, 즉 테트로도톡신을 해독시켜준다.

(6) 생선과 무채

생선회에는 우리 몸에 좋은 고도불포화 지방산인 EPA와 DHA가 함유되어 있는데 생선지방은 산소와 궁합이 잘 맞아 육류지방에 비해 산화가 매우 빠르고, 일단 산화하면 EPA와 DHA의 기능이 상실되어 몸에 해롭다. 산화한 음식을 섭취하면 산화되는데 곧 노화와 연결이 된다. 그런데 무채에 듬뿍 함유된 비타민 C가 이 산화를 방지하는데 항산화제 역할을 하는 것이다. 그래서 미국에서는 최근 생선회의 수요가 늘면서 무채와 같이 먹도록 교육하고 있다.

(7) 오징어와 땅콩

오징어의 경우 타우린 성분이 많아 알코올 성분 분해에 도움이 되고 술냄새 저하, 숙취해소 등에 도움이 된다. 반면에 조직이 가로 세로로 단단하게 짜여있어 소화가 어렵고, 지방 함유율이 낮다. 특히 마른 오징어는 생오징어보다 콜레스테롤 수치가 높은 단점이 있는데 이를 보완해 주는 것이 바로 땅콩이다. 땅콩은 필수아미노산과 불포화지방산이 풍부하다는 것이 특징으로 불포화지방산은 혈중 콜레스테롤 수치를 낮추는 역할을 하기 때문이다. 이런 면에서 오징어와 땅콩은 맛과 질감은 물론 영양학적으로도 최고의 조화를 이룬다.

(8) 된장찌개와 부추

된장찌개의 특징은 짭짤한 맛에 있다. 그런데 짠맛은 과다한 나트륨 섭취로 이어지고 비타민 A와 비타민 C가 부족해진다. 이럴때는 부추를 먹는다. 부추에는 칼륨이 많이 함유되어 있는데 이것이 체내 흡수 과정에서 밖으로 배출될 때 나트륨을 함께 끌고 나가 몸속에 쌓이는 것을 막는다.

출처 : KISTI의 과학향기 칼럼, KISTI

2) 같이 먹으면 안되는 음식

(1) 오이와 당근, 무 (비타민 손실)

오이와 당근, 또는 오이와 무는 요리에 같이 조리할 일이 많은데 오이에서 나오는 효소 -아스코르비나제가 당근, 무의 비타민 C를 파괴하므로 영양면에서는 좋지 않다. 꼭 같이 조리해야 한다면 식초를 많이 넣어 아스코르비나제를 억제하는 방법이 있다.

(2) 토마토와 설탕 (비타민B 손실)

토마토에 설탕을 뿌려 먹으면 훨씬 달콤하고 청량감도 좋지만, 체내에 같이 들어가면 설탕의 당분을 소화시키기 위해 토마토에 들어있던 비타민 B가 다 소모되므로 영양분의 손실을 초래한다.

(3) 미역과 파 (칼슘 손실)

파를 썰면 미끌미끌한 액체성분이 나오고 미역도 물에 담그거나 국으로 끓이면 알긴산이 녹아 미끌해진다. 두 재료가 같이 입으로 들어가면 식감도 좋지 않을 뿐더러 파에는 유황인인 성분이 들어 있는데 미역과 함께 먹으면 미역에 함유되어 있는 풍부한 칼슘이 인 성분을 중화시키는 데 소모되므로 결국 체내에 흡수될 양은 남지 않는다.

(4) 팥과 소다 (비타민B1 손실)

팥은 단단해서 시간이 오래 걸려 간혹 팥죽을 끓일 때 소다를 넣어 빨리 익게도 하지만 풍부한 비타민 B1이 소다에 의해서 전부 파괴된다고 한다.

(5) 치즈와 콩 (칼슘 손실)

치즈에는 칼슘이 풍부하지만 콩과 함께 먹으면 콩의 인산과 결합하여 인산 칼슘으로 변하여 통째 체외로 배출된다.

(6) 시금치와 근대 (결석 생성)

시금치에는 옥실산이 풍부한 반면, 근대에는 수산이 많은데 옥살산은 체내에서 수산석화로 변했다가 결석으로 굳어지는 일이 있으므로 근대의 수산을 만나면 더욱 결석의 가능성이 높아진다, 시금치의 옥살산은 물에 충분히 씻거나 물에 살짝 데치면 분해된다.

출처 : 밥상의 유혹 (경향미디어) (식약청 궁합)

14. 꼭 알고 먹어야 할 약과 식품의 궁합

식약궁합이란 약에 따라 같이 먹으면 좋은 음식이 있는 반면에 먹으면 안 되는 음식이 있는 것을 말한다. 음식으로 치료할 수 없는 병은 약으로도 치료할 수 없다고 할 정도로 음식의 중요성을 강조한다. 우리 몸을 관리하는 가장 기본적이고 소중한 것이 음식이며 먹거리와 약은 그 뿌리가 같다는 의미로 말하기도 한다. 그런데 의약품과 식품의 상호 작용으로 인해 약의 효능을 떨어뜨리거나 부작용까지 있다고 한다. 약을 복용할 때에는 물과 함께 섭취하는 것이 바람직하며, 약을 복용하고 있을 때에는 주의해야 할 식품과 피해야 하는 식품을 체크하여 안전하게 복용해야 한다.

1) 커피와 천식약

커피와 같은 카페인이 들어 있는 음식은 천식약과 함께 먹으면 안된다. 카페인과 천식약을 함께 복용할 경우 중추신경계가 과도하게 자극될 수 있다. 감기 또한 카페인이 함유되어 있기 때문에 함께 먹을 경우 가슴두근거림, 불면증 등의 부작용이 나타날 수 있다.

2) 오렌지 주스와 제산제

제산제는 위산을 없애 속쓰림을 완화시켜 주는 약품으로 산성의 오렌지주스와 함께 먹으면 약효를 줄일 뿐만이 아니라 위장장애도 일으킬 수 있다.

3) 진통제와 알코올 (술)

해열진통제 등의 진통제를 복용할 경우 술은 마시지 않아야 한다. 대부분 약물이 알코올과의 상호작용을 하는데 특히, 아세트아미노산이 함유된 진통제는 술과 함께 복용하면 간을 손상시킨다. 또한 잠이 안온다고 술과 함께 수면제를 복용하는 것은 자살행위와 같다. 술은 수면제와 함께 중추신경계를 억제하여 호흡마비를 초래할 수 있다.

4) 우유와 변비치료제

변비약은 대장에서 작용하도록 코팅이 되어 있다. 우유와 함께 복용 시 알칼리성인 우유로 인해 위산이 중화되어 코팅이 벗겨지기 때문에 원하는 약효를 얻지못할 뿐 아니라 속쓰림, 위경련 등의 증상이 생길 수도 있다.

5) 치즈와 우울증치료제

치즈뿐만 아니라 모든 발효 식품은 주의를 해야 한다. 치즈에 함유된 티라민 성분이 아드레날린을 다량 방출하는데, 항우울제는 이 티라민 분해효소를 저해하여 치명적인 혈압 상승을 일으킬 수 있을 뿐만 아니라 두통, 알레르기 등 부작용이 나타날 수 있다.

식품의학 안전처
출처 : 정책브리핑
http://goo,gl.dayAXt
htt[:// naver.me/ GOaGENv

6) 바나나

고혈압 약과 칼륨을 많이 함유한 바나나, 베식, 녹황색 채소를 장기간 동안 함께 먹으면 고칼륨혈중이 생기고 심장 박동이 빨라진다.

7) 녹차

빈혈 치료를 위한 철분제와 녹차, 홍차를 같이 섭취하면 탄닌이 철분제와 만나 침전물을 형성하고 배설을 유도하여 약효를 감소시킨다.

8) 오렌지주스

오렌지주스는 위산도를 높여 약효를 감소시키며 배출되어야 할 알루미늄을 체내로 흡수시켜 독성을 유발시킨다. 지산제에는 알루미늄이 있어 절대로 오렌지 주스와 함께 먹지 않는다.

9) 우유

변비약은 대장에서 작용하도록 코팅처리로 되어 있는데, 우유와 함께 복용하면 위산이 중화되어 코팅이 벗겨져서 원하는 약효를 얻지 못하고, 속쓰림도 생길 수 있으며, 항생제와도 함께 복용하지 않는다.

10) 자몽쥬스

콧물감기나 알레르기 증상에 사용되는 테페나틴은 자몽주스와 함께 복용하면 간 대사를 방해하여 혈압을 떨어뜨릴 수 있다. 고지혈증 약이나 부정맥 치료제를 복용할 때에는 주의를 요한다.

11) 인삼, 홍삼

뇌졸중 예방을 위해 복용하는 와파린과 인삼, 홍삼을 함께 섭취하면 와파린이 혈액의 응고작용을 일정하게 유지하는 것을 방해하므로 위험하다.

12) 녹즙, 콩즙

와파린이 함유된 약과 같이 섭취하면 안 된다. 진통제와 섭취하면 속쓰림, 신장기능 저하, 소화불량이 있고 당뇨병 약과 섭취하면 식은땀, 저혈당 증상, 두근거림이 있고, 또한 고혈압약과 섭취하면 두통, 위장장애, 어지럼증이 있으며 신경정신계 약과 섭취하면 인지기능이 저하될 수 있다.

13) 알코올

대부분 약물은 알코올과 상호 작용을 하며 특히 아세트아미노펜이 함유된 진통제와 먹으면 간을 손상시킨다.

출처 : 당진시 공..
http://naver.me/ 5GOaGENv

출처 : 금융위원회
https://m.blog.naver.com/dangjin2030/221007155606

15. 화장품 궁합

1) 함께 사용하면 좋 은 화장품

(1) 각질제거제 + 화이트닝 제품

각질제거제를 사용한 후에 미백성분이 함유된 크림을 발라주면 제품 흡수율을 높여주어 많은 화이트닝 효과를 볼 수 있다.

(2) 화이트닝 제품 + 수분크림

화이트닝 제품은 수분크림과 잘 맞는다. 화이트닝 제품은 피부톤을 밝히는 대신 수분을 부족하게 만드는 것이 단점이다. 이때 수분크림을 발라주면 시너지 효과가 크다.

(3) 모공케어 + 퍼밍에센스

피부 탄력을 유지시켜주는 퍼밍에센스는 넓어진 모공, 처진 피부에 많은 도움이 된다. 여기에 모공케어 제품을 함께 사용하면 모공축소 효과가 2배로 나타난다.

(4) 자외선차단제 + 레티놀 제품

색소침착을 억제해주는 기능이 있는 레디놀 제품은 자외선 차단제와 함께 바르면 두 배의 효과를 볼 수 있다. 단, 레티놀 제품에는 각질제거 효과가 있기에 피부 자극을 줄이기 위해 각질제거제와 함께 쓰는 것은 피해야 한다.

(5) 각질제거 + 미백 or 보습

피부의 각질을 제거하면 미백성분과 수분이 피부속까지 깊게 침투할 수 있다.

(6) 비타민 B(세균증식 억제) + 비타민 K(홍조완화)

트러블과 홍조로 붉은 얼굴을 진정시키거나 시너지 효과를 발휘한다.

(7) 보습(수분 공급) + 리프팅(수분 배출) (상극)

리프팅 제품에는 탄력을 높이기 위해 수분을 흡수, 배출하는 카페인 성분을 함유하고 있어 제품효과가 떨어진다. 보습 제품 대신 모공 제품을 함께 사용하면 리프팅 효과를 높일 수 있다.

(8) 콜라겐 비타민(상극)

비타민 C는 콜라겐의 단백질 성분을 응고시켜 침투하는 것을 막는다. 콜라겐 대신 알부틴 성분을 함께 쓰는 것이 좋다.

비타민 C(멜라닌 색소 탈색) + 알부틴(색소 축적 억제)

2) 함께 사용하면 안되는 화장품

(1) 콜라겐성분 + 비타민 C

콜라겐은 우리 몸을 구성하는 단백질 중 하나로 특히 피부 건강에 있어서 매우 중요하다. 비타민 C는 일반적으로 색소침착의 원인인 티로시나제 효소의 활성을 억제해 피부 미백에 많이 사용된다. 그래서 미백기능을 주로 앞세운 피부 노화 방지 화장품에서 많이 볼 수 있다. 비타민은 단백질을 응고시키는 역할을 하다보니 탄력강화에 도움을 주는 단백질의 일종인 콜라겐 성분이 제대로 역할을 할 수가 없다. 비타민 C 제품을 바른 후에는 건조함이 느껴질 수 있으니 수분 크림을 먼저 사용하는 것이 좋다. 또한 비타민 C는 비타민 E와 함께 사용 시 피부에 쉽게 흡수시킬 수 있으며 서로의 효능을 오랫동안 유지할 수 있다.

(2) 레티놀성분 + 비타민 C

피부 진피층에 있는 콜라겐과 엘라스틴 합성을 촉진해 주름을 완화하고 탄력을 증가시키는 안티에이징의 대표성분이다. 주름개선 효과가 뛰어난 레티놀은 비타민의 한 종류로 지용성을 띠고 있다. 레티놀은 각질제거 효과도 있으므로 비타민 C와 함께 바르면 자극이 될 수 있다. 또한 레티놀은 지용성, 비타민 C는 수용성 성질을 갖고 있다보니 두 성질이 당연히 섞이지 못한 채 밀어내어 흡수력이 떨어진다. 레티놀은 주름, 탄력, 화이트닝, 모공케어 등 다양한 효과를 목적으로 사용되지만 빛이나, 열기, 공기, 수분 등에 약한 편이므로 되도록 밤에 바르는 것을 추천한다.

(3) 보습 제품 + 리프팅 제품

리프팅 제품에는 보통 카페인 성분이 포함되어 있다. 이 카페인이 수분을 흡수, 배출해 부종을 제거하여 좀 더 슬림한 라인을 만들기 위함인데 당연히 보습제품과 함께 사용하면 피부에 보습효과가 현저히 떨어진다. 보습크림을 먼저 바르고 충분히 흡수시킨다고 해도 소용이 없다.

이미 만들어진 피부 보습막이 리프팅에 필요한 유효 성분의 흡수를 방해하기 때문이다. 보습제품은 아침저녁으로 바르는 바르는 것이 중요하다. 필요하다면 수시로 미스트 등을 활용해 수분공급을 해 주는 것도 좋은 방법이다. 리프팅 제품은 잠자리에 눕기 직전 발라주는 것을 추천하고, 물론 그전에 보습크림의 사용은 자제하거나 2~3시간 정도 기간을 두는 것이 좋다.

(4) 모공관리 / 피지조절 / 안티에이징

피지분비 배출을 돕고 동시에 수렴효과를 통해 모공을 쫀쫀하게 수축시키는 것을 도와주는 기능의 제품을 사용했는데 반대로 유 · 수분이 많은 안티에이징 제품을 함께 바르면 당연히 각자의 효능이 떨어지기 마련이다. 보통 과도한 피지 때문에 고민하는 이유는 낮 동안 번들거리는 피부때문에 메이크업을 자주 해야 하기 때문이다. 이때는 시범 파우더를 이용해 피지를 컨트롤하는 방법을 추천한다. 그리고 안티에이징 제품은 꾸준히 사용하는 것이 중요한만큼 저녁 시간에 꼭 바르고, 아침에 바를 때는 자외선 차단제와 함께 바르는 것이 좋다.

(5) 트러블케어 기능 + 스크럽 제품

얼굴에 생긴 트러블을 잠재우는 데 효과적인 제품, 울긋불긋하게 올라온 여드름이나 뾰루지 등 국소부위에 바르면 트러블을 진정시키고, 최대한 흔적이 남지 않도록 도와준다. 보통 살리실산이 함유되어 있는데 BHA에 속하는 대표적인 성분으로 피지조절과 각질제거의 효과를 가지고 있다. 트러블 부분에 먼저 제품을 바르고 난 후 이 부분만 제외하고 각질 관리를 하거나 트러블이 완전하게 진정되었을 때 스크럽제품을 사용하는 것이 좋다.

또한 각질제거 후에는 미백이나 보습제품을 사용하는 것이 좋다. 묵은 각질이 제거되면서 제품의 흡수율이 훨씬 좋아진다,

(6) 레티놀(산성) + AHA(BAH) (산성)

두 가지 다 산성이기 때문에 함께 사용하면 피부 자극을 유발한다. 빛에 약한 레티놀 성분을 나이트 크림으로 바르고, AHA 성분 제품은 빈도를 줄이는 것이 자극을 줄이는 방법 중 하나이다.

출처 : 데일리라이프
http://naver.me/ 5ENWr3dG

출처 : 매일경제 /네이버뉴스
http://naver.me/5RyPANBf

참고문헌

미용과 영양/곽희진, 박금희, 안현경

영양학/윤동화, 강성례, 정미숙, 조희숙 외

미용건강학/안홍석, 홍란희, 김명숙 외

피부영양학/전세열, 김선미, 배정하, 송선영, 양현옥, 이숙경 외

대한 비만체형확회 학술

브리태니커 백과사전〈site〉

우리아기닷컴〈site〉

현대인의 식생활과 건강/강미영(2002)

한국가정과 교육학회/학술논문/김영남

네이버 지식백과

두산백과

한국인의식생활과 질병/백희영(1997)

http://hdjungin.tistory.com/191

http://lsm1705.blog.me/60098804008

http://nfclinic.blog.me/150082780

당질대사에 대한 영양교육 개발/김미예(인제대학교 학위논문)

www.colorpuncture.com

http://blog.naver.com/shopdaisy/50091009250

http://cafe.naver.com/1414days/2251

김숙희 외 (마사지테라피)

이혜선 《건강 약콘, 쥐눈이 콩》 (국일 출판사)

윤동혁 《색, 색을 먹자》 (기획출판 거름)

http://blog naver.com/chiwoo1211

http://content/ch.content

http://ww.chunhyange.com

http://diet_lab.bolg.me/130127548037

http://nstckorea.tistory.com/287

http://gagasoap.tistoy.com/860

http://health.naver.com/medical/disease/detail.nhn?selectedTab=detail&diseaseSymptomTypeCode=AB&diseaseSymptomCode=AB000044&cpId=ja2#con(네이버백과사전)

http://klis00.blog.me/156064365

정종훈, 조선대학교 의과대학 학술지, 성인병

http://klis00.blog.me/156064365

위와 동일

위와 동일

최병한, 한국맥류연구지회,잡곡과 현미의 성인병 예방 및 치료 효과, 2006.12

http://blog.naver.com/PostView.nhn?blogId=brbaram8758&logNo=80157579861